ドイツ人はなぜ、年収アップと環境対策を両立できるのか

熊谷 徹

青春新書
INTELLIGENCE

はじめに

私は１９９０年以来、33年間にわたってドイツに住んでいるが、一つ気がついたことがある。それは企業、市民、政府が環境保護に多大な費用(コスト)と労力をかけているということだ。電力会社や自動車メーカー、化学会社のような大企業だけではなく、町工場の経営者からパン屋さんの店主まで、環境保護や温室効果ガスの削減のために心を砕いている。

彼らは自分たちがいかに環境保護に力を入れているかを、社会へ向けて積極的にアピールする。市民たちも、自分の暮らしから出る二酸化炭素（CO_2）の量を計算し、減らすための努力を怠らない。

このように人々の関心が高いので、新聞やテレビも環境保護や地球温暖化について、日本のメディアよりもはるかに頻繁に、積極的に報道している。

そんなドイツの現状を知るにつけ、「環境保護に力を入れ過ぎると、コストが増大して、経済活動の足を引っ張ることになるのではないか」と心配になる人も出てくるだろう。

だが現実には、ドイツ人たちは環境保護と経済成長を両立させている。

たとえばドイツ政府や企業、市民が環境保護のために使った費用は、2010年から2019年までに46・4%も増えた。だが同じ期間に、ドイツの国内総生産（GDP）は16・5%増加している。ドイツ人1人あたりのGDPも、この間12・5%増えている。これは、同期間の日本人1人あたりのGDP成長率（9・9%）を上回る。

ちなみに、2021年のドイツ人1人あたりのGDPは、経済協力開発機構（OECD）加盟国（38ヶ国）の中で第11位。日本は第24位だ。

同じことは、賃金についても言える。OECDによると、1995年から2021年までにドイツ人の年間平均賃金は、2万5994ユーロから4万3722ユーロと68・2%増えたが、同期間の日本人の年間平均賃金は、458万2146円から444万3874円と約3%減っている（それぞれ現地通貨で計算）。2021年のドイツ人の年間平均賃金も、日本人より41・1%多い（比較できるように、購買力平価で米国ドルに換算）。

その一方で、ドイツでは社会保障にも気を配っている。ドイツ政府は2022年7月1日に、旧西ドイツの公的年金の支給額を5・35%、旧東ドイツでは6・12%引き上げた。これに対し日本の国民年金の支給額は、2022年4月から0・4%引き下げられている。

つまりドイツ人たちは、環境保護に力を入れても、生活水準を引き下げたり、貧しくなったりしているわけではない。彼らは環境保護にお金と労力をかける一方で、日本を上回るスピードで経済成長を実現し、年収も大きく引き上げてきた。「環境を取るか、経済成長を取るか」の二者択一ではなく、両方とも実現しているのだ。

ドイツ人たちはなぜ、それが可能なのか。彼らはどのようにして、環境保護と年収アップを両立させているのか。ドイツ人たちに環境保護と年収アップの「いいとこ取り」が可能ならば、我々日本人にもできるのではないか。本書は、これらの問いに対して、答えを模索した試行錯誤の書である。

２０２２年12月

ミュンヘンにて　熊谷　徹

（注）交換レートは、１ユーロ＝１４０円、１ドル＝１４０円で統一しています。

ドイツ人はなぜ、年収アップと環境対策を両立できるのか　目次

第2章 ドイツ人はなぜ、多少の不便を受け入れても環境を重視するのか

第3章　ドイツの計算ツールで、自分が出すCO_2を〝見える化〟しよう

第4章　環境と利益追求の両立を目指すドイツの企業戦略

第5章 環境と経済成長の両立を目指すドイツの国家戦略

第6章　人と環境を大事にしつつ、生活を「豊か」にするヒント

第1章
環境対策に莫大なお金をかけながら経済成長を続けるドイツ

◆合言葉は「持続可能性」

私は１９９０年から33年間ドイツに住んでいるが、この国の人々が環境保護にかける情熱には、びっくりさせられる。私は彼らの思想を「環境ロマン主義」と呼んでいる。ドイツの町を歩くと、駅、小売店、スーパーマーケットやデパートなど至るところで「持続可能性がある」、「エコ」、「ビオ」、「環境にやさしい」というキャッチフレーズが目に飛び込んでくる。

特に「持続可能性がある（英語でサステナブル sustainable ＝ドイツ語でナハハルティヒ nachhaltig）」という言葉は、流行語のようになっている。この言葉は、人間の活動やそれによって作られた製品が、生態系や自然環境に悪影響を及ぼさないということを意味する。

たとえば化石燃料を原料とするプラスチックのコップは、土の中に埋めても分解されない。これに対し、トウモロコシを原料にしたコップは土に埋めれば分解されるので、自然界への悪影響が少ない。つまり化石燃料から作られたプラスチックよりも持続可能性が高いということになる。

持続可能性という言葉は、家電製品から食べ物などあらゆる商品、一戸建ての住宅、暖房、電力から金融サービスに至るまで使われている。インターネット上の広告でも、この言葉が使われていない広告はほとんどない。この言葉は、ドイツ人の暮らしに完全に浸透している。持続可能性を考慮しない経済活動や消費活動は、この国ではもはや考えられない。

あらゆる役所、企業、生産者、メーカー、販売者、消費者が持続可能性に配慮せざるを得ない社会になっている。

ある大手デパートは、「環境にやさしい洗剤コーナー」を設け、環境への悪影響が少ないと判断された製品だけを売り場に置いた。環境保護団体の協力を得て、一つひとつの洗剤の環境への負荷をチェック。「環境への悪影響が大きい」と判断された商品を締め出した。このデパートは、環境への負荷が大きい製品を排除したことについて、「短期的に見ると売上高は減った。しかし消費者は環境保護に貢献したいと強く望んでいるので、長い目で見れば、環境にやさしい製品だけを売ることは、消費者のための重要なサービスだ」と説明していた。

ミュンヘン中央駅のプラットフォームに、日本の新幹線に相当する長距離高速列車ＩＣ

Eが停まっている。以前ICEの白い車体の側面には、赤いストライプ（線）が描かれていたが、2019年からは、ストライプの色が持続可能性を示す緑色に変更された。ドイツ鉄道会社（DB）は、「緑色に変えた理由は、2018年以来、約280両のICEが太陽光や風力など再生可能エネルギーによる電力だけを使っているからだ。列車が環境にやさしい移動手段であることを人々にアピールしたい」と説明している。

DBは、「自動車や飛行機に乗らずに、列車を使うことによって、CO_2排出量の削減に貢献しよう」という宣伝を盛んに行っている。同社は2038年には全ての列車に使われる電力を、再生可能エネルギーによってまかなう方針だ。

持続可能性と並んでよく見かける「エコ」という言葉は「生態系への悪影響が少ない」、「ビオ」は「生物環境への負荷が少ない」、もしくは「化学肥料や農薬を使わずに、有機農法で作られた」という意味だ。

スーパーマーケットで売られている野菜や果物には、2種類ある。「レーベ」というスーパーマーケットは、「ビオ」のマークが付けられた有機栽培による野菜・果物とそうでないものを違う場所に置き、区別して売っている。「ビオ」のマークが付いた野菜・果物の値段は、そうでないものよりも高いことが多い。

値段が高くても、ビオ野菜・果物への人気は高まる一方だ。ドイツの世論調査機関・アレンスバッハ人口動態研究所が毎年行っているアンケートによると、「過去2週間以内にビオ野菜・果物を買った」と答えた市民の数は、2017年には1950万人だったが、2021年には約16％増えて2269万人になった（ドイツの人口は約8300万人）。

スーパーマーケットで様々な商品のパッケージを見ると、ビオ以外にも環境にやさしい商品、農民らを搾取していないことを示す商品などの認証マークが沢山付けられている。たとえばEUのビオ認証マーク、ドイツのビオ認証マーク、家畜にやさしく環境への負荷の少なさを示す「ノイラント」認証マーク、遺伝子組み換え食品が使われていないことを認証するマーク、原料を作った農民らが搾取されていないことを示すフェア・トレード認証マーク、動物由来の原料が使われていないことを示すビーガン認証マーク、魚が持続可能性の高い漁法で捕獲されたことを示すマーク、農作物などが遠隔地ではなく地元で作られたことを認証するマーク、農作物などがEU域内で作られたことを認証するマーク、牛などの家畜が1年間に少なくとも120日間は小屋に押し込められず、1日最低6時間は放牧されたことを認証する「プロ・ヴァイデラント」マークなど、枚挙に暇（いとま）がない。

これほど環境関連の認証マークが多い理由の一つは、こうしたマークを商品選択の目安にする買い物客が多いからだ。

ドイツ連邦食糧農業省が行ったアンケートによると、回答者の64%が「買い物の際にはビオ認証マークがあるかどうかに注意する」と答えた他、買い物の目安にフェア・トレードのマークを挙げた人の比率は57%、「動物がひどい扱いを受けていないかどうかを認証するマーク」を挙げた人の比率も55%にのぼっている（ドイツ人の中には、最終的に食肉になる動物についても、輸送や飼育の際に苦しみを与えられていないことを重視する人が多い。この考え方を、ドイツでは動物福祉と呼ぶ。たとえば鶏や豚を身動きの取れないような狭い場所に押し込めて飼育することは禁じられている）。

つまりこれらの認証マークは、ドイツ人消費者にとって大きな関心の的なのだ。ドイツの食品の認証マークの数は、環境保護以外のマークも含めると、1000種類を超えるという。

ドイツ人は、ゴミにも敏感である。ドイツ政府は2022年1月1日以降、ビニール袋やポリ袋を客に無料・有料にかかわらず提供することを法律で禁止した。日本でも2020年7月以降、スーパー・コンビニのレジ袋（ポリ袋）は有料化されているが、わざわざ法律で禁止するところが、規則好きのドイツらしい。ちなみに大半のスーパーマーケットは、法律が施行される数年前から、自発的にビニール袋・ポリ袋の配布をやめていた。

◆電力の100％を再生可能エネルギーに

　ドイツ人たちは、発電事業などエネルギーのグリーン化にも力を入れている。ドイツが毎年排出するCO$_2$のうち、石炭・褐炭（かったん）・天然ガスなどの化石燃料を燃やして発電する際に排出される発電CO$_2$の比率が、約29％と最も多いからだ。

　ドイツ北部のメクレンブルク・フォアポンメルン州などを車で旅行すると、地平線の彼方に突然白い風力発電のプロペラが林立しているのに出くわすことがある。一瞬、白塗りの巨人たちが現れたような錯覚を抱く。この地域は、バルト海からの風が強く吹くので、風力発電に適している。

　一方、南部バイエルン州の田園地帯を列車で通過すると、線路沿いの空き地が、太陽光発電パネルによってびっしりと覆われているのを見ることがある。この地方は北部に比べて、冬でも晴天の日が多いので、メガソーラー（大規模な太陽光発電所）の運営に向いているのだ。工場や事務所、農家の屋根、高速道路沿いの遮音壁にも次々に太陽光発電パ

（図表1-1）ドイツでCO_2を最も多く排出するのは
エネルギー業界

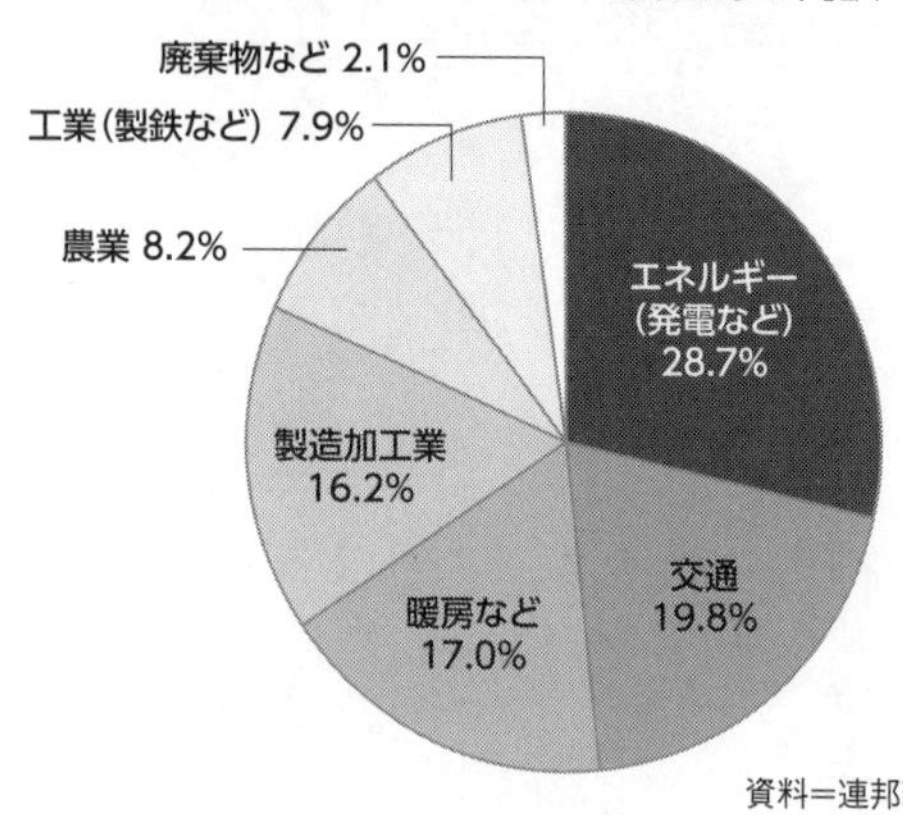

資料＝連邦環境局（UBA）

ネルが取り付けられている。ドイツ政府は２０２２年夏に準備中の法案の中で、新しく建設される商業用の建物や、公的機関の屋根に、必ず太陽光発電パネルを設置することを義務付けている。つまり新しくスーパーマーケットやオフィス・ビルを建てる企業は、屋根を利用して太陽光発電を行わなくてはならない。したがってドイツでは、紺色のガラス板のような発電パネルを見かけることが、今後さらに増えていく。

　ドイツの電力会社が参加している「エネルギー収支作業部会（ＡＧＥＢ）」の統計によると、この国の電力消費量に太陽光や風力などによる再生可能エネルギーからの電力が占める比率は、２０２１年末の時点で41・９％

(図表1-2)ドイツの電力消費量に再生可能エネルギーからの電力が占める比率

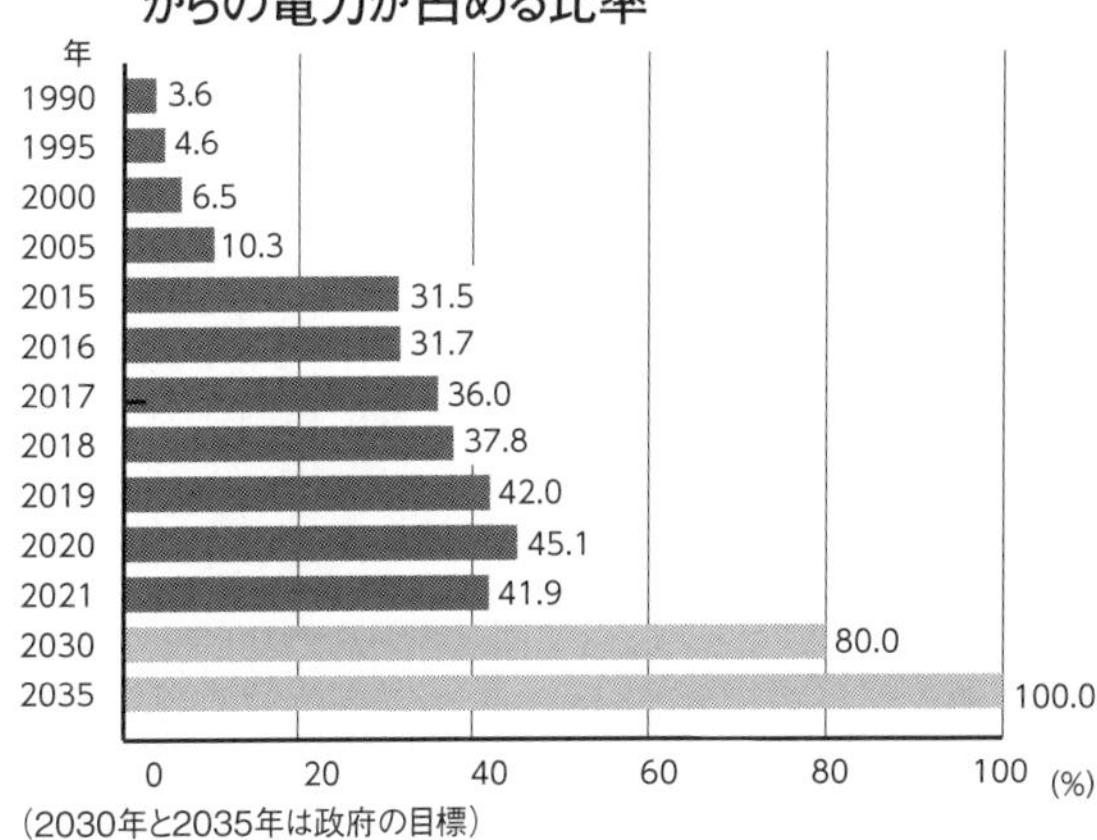

(2030年と2035年は政府の目標)

資料=エネルギー収支作業部会(AGEB)

だった。1990年の再生可能エネルギーの比率は3・6%だったので、31年間で比率が11・6倍に増えたことになる。

この結果、ドイツはCO_2の排出量を大幅に減らすことに成功した。経済協力開発機構(OECD)によると、ドイツは1990年からの31年間でCO_2排出量を35・1%減らした。これは日本の同時期の削減率(4・7%)の約7倍である。

さらにドイツ政府は、2030年までに、電力消費に占める再生可能エネルギーの比率を80%、2035年までにほぼ100%に引き上げることを目指している。再生可能エネルギーの比率を、今後13年間で約2・4倍に増やすという野心的な計画だ。

◆15年間で再エネ発電業界に約39兆円を投じる

ドイツが再生可能エネルギーの比率を急激に増やせたのは、政府が強力なリーダーシップをとり、エコ電力の拡大を図ったからだ。社会民主党（ＳＰＤ）と緑の党の左派連立政権は、２０００年に再生可能エネルギー促進法を施行させ、太陽光や風力による発電設備を増やす政策を進めた。二酸化炭素（CO_2）も放射性廃棄物も出さないエネルギー源を増やすことが目的だ。

ドイツでは、発電を行う会社（発電事業者）と送電を行う会社（送電事業者）が分かれている。発電事業者が作った電気を、送電事業者が買い取って供給する仕組みだ。政府は送電事業者に対し、再生可能エネルギーによる電力については、需要の有無にかかわらず優先的に買い取って、送電網に送り込むことを義務付けた。

さらに、発電事業者が太陽光発電や風力発電設備に積極的に投資するように、再生可能エネルギーからの電力の買取価格を政府が高く設定した。しかもこの買取価格を20年間にわたり固定したので、投資家にとってはリスクが非常に低くなった。20年を経過すると買取価格は徐々に下がっていく設定なので、早く再生可能エネルギーによる発電を始めた会

(図表1-3)送電事業者が再生可能エネルギーの発電事業者に払った代金の推移

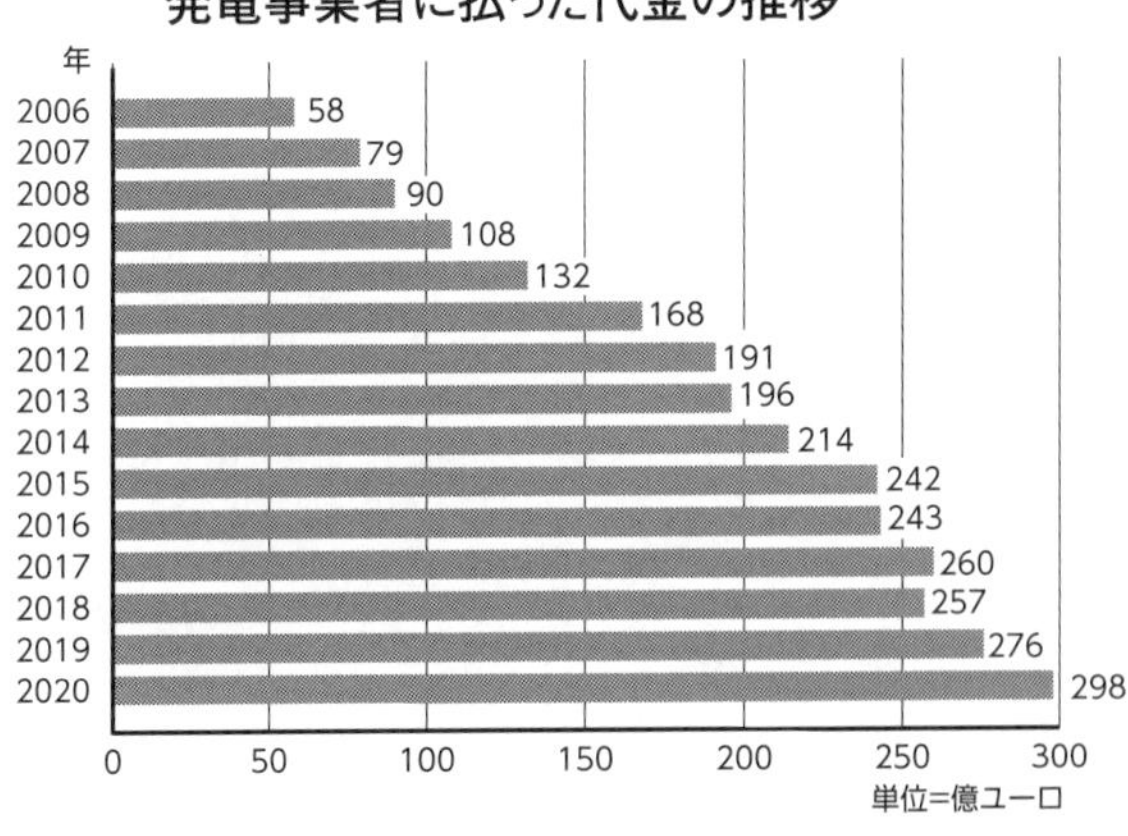

資料=ドイツ連邦系統規制庁

社ほど、収益が多くなる。このため21世紀に入ってから、一時ドイツでは再生可能エネルギーへの投資ブームが起きた。

ドイツでは、毎年巨額のお金が再生可能エネルギーによる発電を行っている企業に流れ込んでいる。たとえば２０２０年に再生可能エネルギーの発電事業者が送電事業者から受け取った代金の総額は、２９８億ユーロ（４兆１７２０億円）にのぼる。２００６年からの15年間の合計は、２８１２億ユーロ（39兆３６８０億円）だ。

◆市民・企業が賦課金で支えた再エネ拡大

この巨額の費用の大半は、市民や企業、つまり電力消費者が負担してきた。21世紀の初めには、再生可能エネルギーによる電力の競争力は弱かった。先に述べたように、政府が決めた再生可能エネルギーによる電力の買取価格は、原子力や褐炭、石炭から作られた電力よりもはるかに高かった（褐炭は、燃やした場合にCO_2排出量が石炭やガスに比べて多いので、現在では環境保護の観点から問題視されているが、露天掘りで採掘できるため、ドイツで最も採掘コストが低いエネルギー源だった）。しかも22年前には、まだ中国企業がこの分野に参入していなかったため、風力発電プロペラや太陽光発電パネルを作るためのコストが、いまよりも大幅に高かった。

　そこで政府は、マーケットでの再生可能エネルギーによる電力の価格競争力を高めるために、一種の補助金として再生可能エネルギー賦課金を導入した。この賦課金は、日本と同じように、電力を消費する市民や企業が負担した。

　消費者は、２００３年には電力を1キロワット時（kWh）消費するごとに、０・41セント（約０・57円）払っていた。しかしこの賦課金は、２０１７年には６・88セント（９・63円）に上昇した。約17倍の増加だ。

　ドイツ市民が２０２０年に、電気料金の一部として払った賦課金の総額は、２４５億ユーロ（３兆４３００億円）に達する。

(図表1-4)ドイツの電力消費者が払った再生可能エネルギー普及のための賦課金

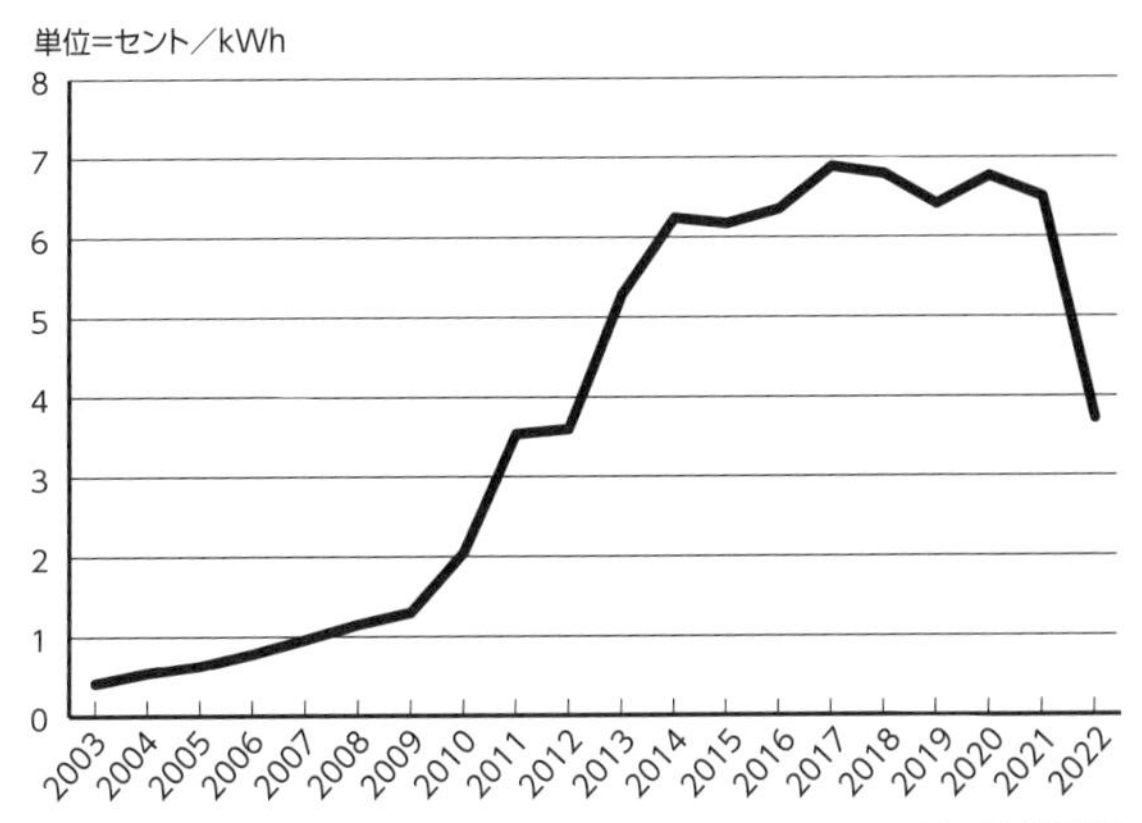

資料=ドイツ連邦系統規制庁

２０２０年の日本の再生可能エネルギー賦課金は、１kWhあたり２・98円だった。１年間に３５００kWhの電力を消費する家庭が払う賦課金の額は、１万４３０円。一方、２０２０年にドイツの再生可能エネルギー賦課金は１kWhあたり６・76セント（８・52円）だった。ドイツで１年間に３５００kWhの電力を消費する家庭が払う賦課金の額は、２万９８８８円で、日本の約２・９倍になる（２０２０年12月31日の為替レート・１ユーロ＝１２６・11円を使用）。為替レートの影響を割り引いても、ドイツの賦課金は、日本よりも割高だ。

　これらの数字から、ドイツに住む市民が、再生可能エネルギー拡大のために毎年いかに多額の出費を行っているかを、感じていただけると思う。

なお図表1－4のグラフの中で、賦課金は2022年に大幅に減っているが、これは政府が国民の負担を減らすために、賦課金を同年7月1日以降、電力料金に上乗せするのをやめ、政府の予算から支出することを決めたためである。

◆毎年約11兆円を環境保護に支出

エネルギーをグリーン化する努力の他にも、ドイツ人たちは工場から大気中に排出される有害物質の量を減らしたり、リサイクルによって廃棄物の量を減らしたり、排水を処理したり、土壌の汚染を除去したりするために毎年多額の支出を行っている。

ドイツ連邦統計局によると、2019年にこの国の企業、市民、政府が環境保護のために支出した費用は、762億7300万ユーロ（10兆6782億円）にのぼる。その額は、2010年に比べて46・4％も増えている。

このうち約65％を企業が支出し、約19％を個人、約16％を国が負担している。連邦環境局（UBA）によると、これらの支出のうち約75％は、廃棄物と汚水の処理にあてられている。

たとえばドイツは、ペットボトル、ビールやワインのガラス瓶などのリサイクルに力を入れている。この国で売られている炭酸水、ジュースやビールなどの価格には、瓶の貸し出し料が加算されている。スーパーマーケットに設置された機械に、ペットボトルやビール瓶を入れると、引換券が出てくる。この引換券をレジで渡せば、買った代金から瓶の貸し出し料を差し引いてもらえる。つまりペットボトルを道端にポイ捨てすると、瓶の貸し出し料を損するが、スーパーマーケットで返せば自分の財布に戻って来る。環境保護とお金の節約をうまく組み合わせた制度だ。ホームレスなど低所得者の中には、公園のゴミ箱をあさって瓶の貸し出し料が含まれたペットボトルを探し出し、スーパーマーケットに持ち込んで換金している人もいる。この人たちも資源のリサイクルに貢献しているわけだ。

ただしワインやウイスキー、サラダ油などのガラス瓶には、瓶の貸し出し料が加算されておらず、スーパーマーケットは引き取ってくれない。そこで、ドイツの町の至るところに、貸し出し料が加算されていない瓶のリサイクルを目的とした、大型のゴミ箱が置かれている。

市民たちは、緑色のガラス、茶色のガラス、透明なガラス、プラスチックなどを分別して箱に入れる。これらの箱は、１９９６年に施行された「循環経済法」に基づいて設置された。この法律によって政府は、清涼飲料水やワインのメーカーなどに対し、瓶の回収を義務付けた。この法律は、ドイツが他の欧州諸国に先駆けて導入したものだ。

またアパートなどには、残飯やバナナ、ミカンの皮などを捨てる茶色のゴミ箱もある。ここに捨てられた生ゴミは市役所によって回収されて、後に肥料などとして再利用される。さらに、市民が古着や靴などを寄付するための大きな回収箱も全国に設置されている。この箱に入れられた衣料品は、キリスト教系の福祉団体などが集めて仕分けし、ドイツに亡命申請した難民ら低所得者たちに配布される。

こうした努力の結果、欧州環境局（ＥＥＡ）によると、ドイツの家庭などから出る地域廃棄物のリサイクル率は67％と、欧州で最も高くなっている。

◆経済成長と環境破壊は不可分か？

ドイツが国家として環境保護に力を入れていると言うと、「環境保護を重視する政策は、経済の発展にとってはマイナスになるのではないか？」、つまり「経済成長を目指す限り、ある程度環境に負荷がかかるのはやむを得ないのではないか」と思う人もいるかもしれない。たとえば、21世紀に入って、新興国・中国やインドの経済成長率はドイツを上回って

(図表1-5)ドイツの環境保護支出の推移

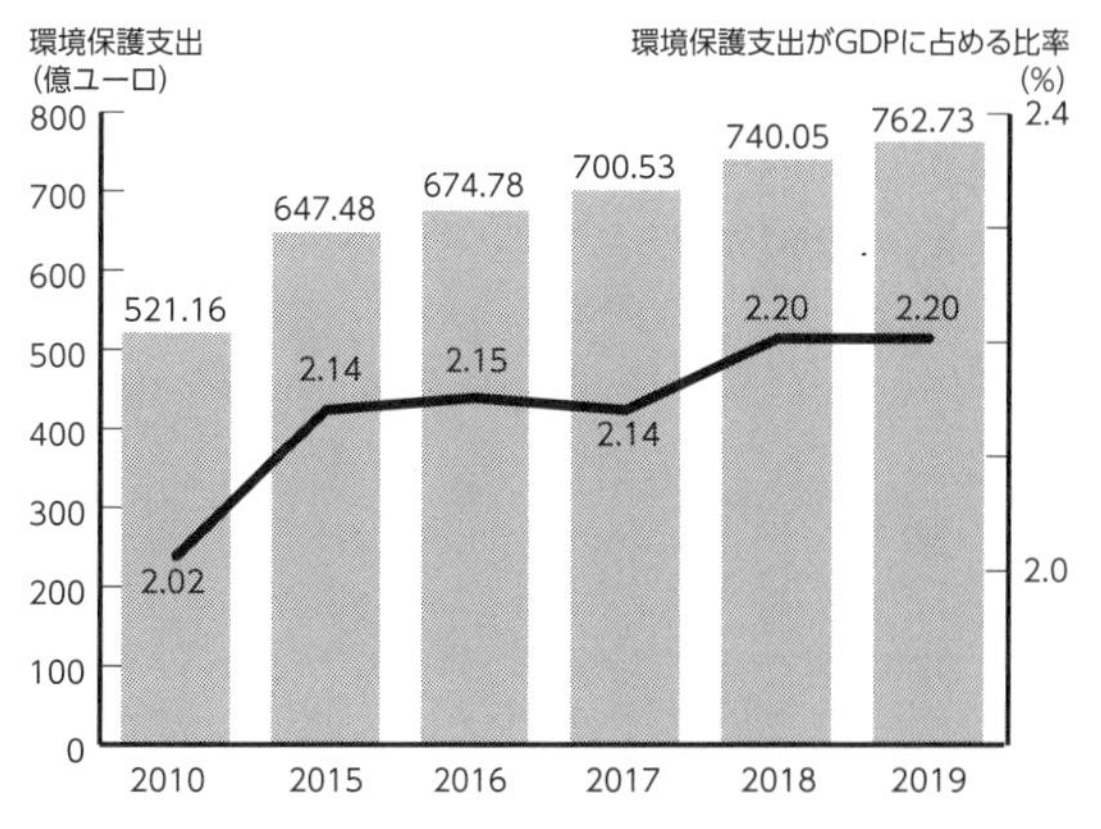

資料＝ドイツ連邦環境局・ドイツ連邦統計局

(図表1-6)ドイツの2019年の環境保護支出の内訳

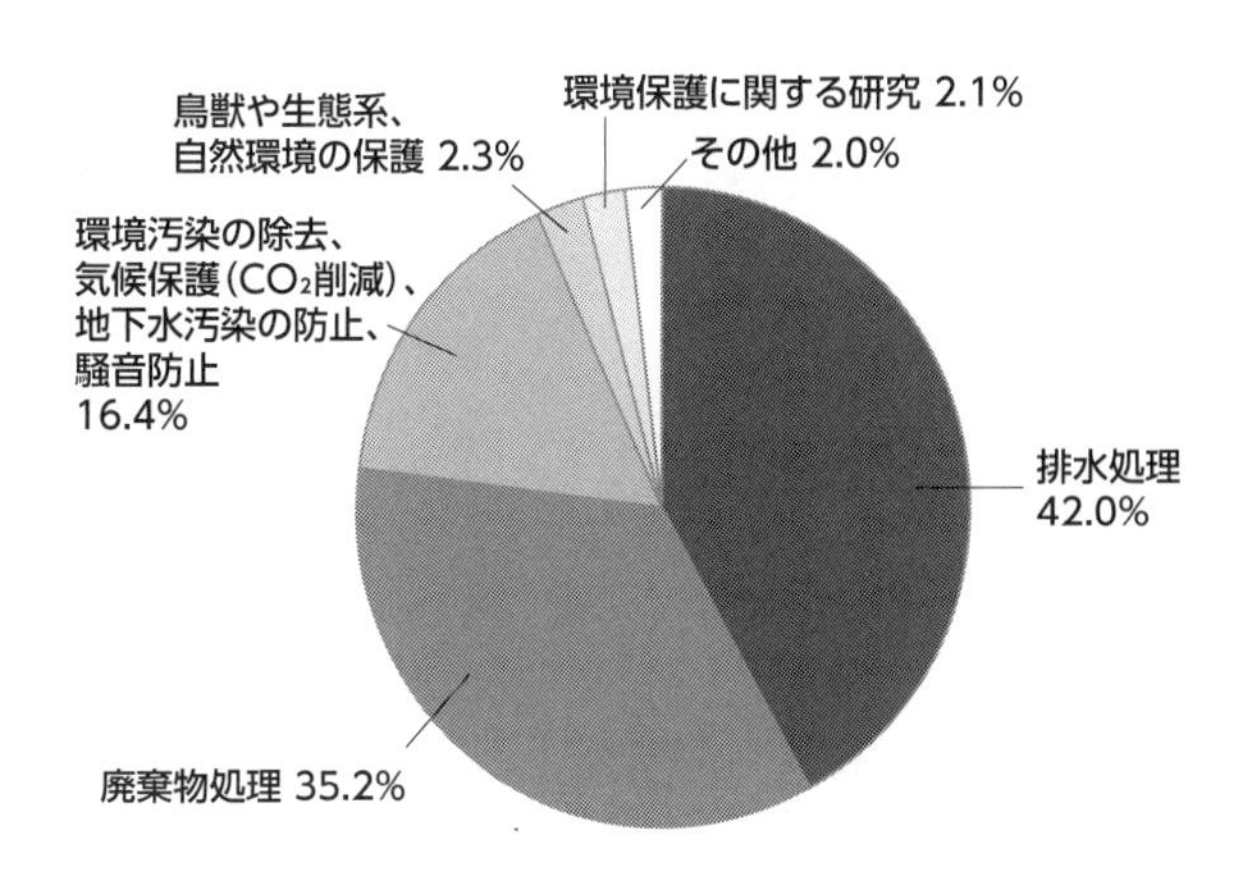

資料＝ドイツ連邦環境局・ドイツ連邦統計局

いたが、その一方で大気汚染などの環境破壊はドイツよりも深刻だった。

　世界銀行によると、２０１２年の中国の経済成長率は7・9％だった。実にドイツ（0・4％）の19・8倍のスピードである。当時世界中の人々が、中国の目覚ましい成長ぶりに目を瞠った。

　だが私は２０１２年6月に北京に出張した時、ダイナミックな経済成長の裏面を体験した。空港ビルから一歩外に出た途端に、炭のような異臭が私の鼻孔を突いた。東西統一直後の旧東ドイツで嗅いだ褐炭の臭いに似ていた。空を仰ぐと、灰色の雲とも霧ともつかぬものに覆われている。北京に滞在した3日間にわたり、太陽を一度も見なかった。同行していたドイツ人は、空港でタクシーに乗ると、早くも咳をし始めた。この人は以前も北京のスモッグを経験していたので、仕事以外ではホテルから一歩も外へ出なかった。私は北京に行くのは初めてだったので、自由時間には極力外を歩き回った。高層ビル街を見渡すと、大気汚染のために、50メートル離れた建物の輪郭が霧に包まれたかのように、霞んでいる。一部の企業のオフィスでは、空気清浄機を作動させていた。

　私はこの出張後ドイツに戻ってから気管支炎にかかり、医師の手当てを受けなくてはならなくなった。北京の米国大使館は、２００８年以来、ツイッターで空気中の微粒粉塵

（ＰＭ２・５）の濃度を1時間ごとに公開している。私が北京に滞在した日のＰＭ２・５の濃度は、「健康に悪い」とされる水準で、米国大使館は、「基礎疾患のある人、子ども、高齢者は屋外での活動を避けるべきだ」と勧告していた。スモッグが酷かった原因は、当時中国の電力の約70％が石炭火力発電所で発電されていたからだ。

北京ほどではなかったが、香港でも似たような経験をした。２０１３年に香港で働いた時のことだ。通常、私が働いていた香港島の高層ビルのオフィスから北の方を見ると、多数の高層ビルやビクトリア湾が見えた。だがこの日は、中国大陸から南下してきたスモッグのために、あたかも分厚い白い壁が立ちはだかったように視界が遮（さえぎ）られていた。この週に外でジョギングをしたら、喉が痛くなった。

私にとってこれらの大気汚染は、ドイツや日本では全く経験したことのない酷さだった。ドイツに戻った時、屋外で胸いっぱいに空気を吸い込めることの有難さを痛感した。私は日本で小学生だった時に、一時小児喘息（しょうにぜんそく）を患ったことがあり、呼吸器系の病気にかかりやすい。このため「中国は経済がダイナミックに成長しつつある国であり、ドイツよりも活気がある。しかし中国のような国には、とても住めない」と思ったものだ。仮に中国に行けばドイツに比べて年収が高い仕事に就けたとしても、咳や喉の痛みに悩まされるのでは、元も子もない。私の知り合いのドイツ人の中にも、北京で働いていたが、スモッグが子どもの健康に与える影響を心配して、別の国へ引っ越した人がいる。

ただし、ここで注意すべきは、この頃新興国だった中国が置かれていた状況や国の目標が、先進工業国であるドイツや日本とは大きく違っていたという点だ。当時中国は、「14億人の国民の物質的な生活水準を引き上げるのが先決だ」と考えていた。つまり経済成長を最優先にして、環境保護は二の次にしていたのだ。

中国はGDPの総額では米国に次いで第2位だが、人口が多いために、国民1人あたりのGDPは、まだまだ低い。国民に満足感、幸福感を与えるのは、国全体のGDPの総額ではなく、1人あたりのGDPだ。

OECDによると、2012年の中国の国民1人あたりのGDPは、1万606ドルだった。これはドイツの約23%、日本の約27%にすぎない。中国はOECDに加盟していないが、中国の2012年の国民1人あたりのGDPは、当時OECDに加盟していたどの国（38ヶ国）よりも低かった。

つまり私が2012年に北京で体験したのは、米欧日を追い越そうとする新興国の必死の努力が生んだ「ひずみ」だった。中国の指導部は、経済が軌道に乗るまでは、環境対策を重視しないという道を選んだ。

なお日本でも、第二次世界大戦後の高度経済成長期には、水俣病、イタイイタイ病、四日市ぜんそく、阪神高速道路・国道43号線（大阪市西成区から神戸市灘区に至る国道）周辺の大気汚染など、深刻な水質汚染や大気汚染が一部の国民に健康被害を与えた。これらも、経済成長を達成するために、環境対策がおろそかにされた例である。

◆グリーン経済成長が重要な理由

このためドイツ人たちは、世界の人々に発想の転換を求めている。つまり環境破壊を伴わない方向に経済を改造するべきだというのだ。

ドイツ連邦環境局（UBA）は、「いまのような経済成長の仕方を続けていたら、人間の繁栄・幸福はやがて侵される」と断定する。UBAは、「世界中で起きている森林の大規模な伐採、大量の魚獲、土地の汚染などを続けることはできない。工業先進国も発展途上国も、環境破壊を顧(かえり)みない経済成長とは別れを告げなくてはならない」と主張する。UBAの目標は、自然や環境を破壊せずに経済成長を実現することだ。政府は、企業が環境保護のために行う技術革新について助成金を出すことによって、支援する。

ＵＢＡは、「環境保護の努力を行わない場合、かえって国民経済に莫大なコストが生じる」と説明する。具体的には大気汚染や水質汚濁などによる健康被害、気候変動による旱魃などである。ＵＢＡは２００７年以来数年おきに、エネルギー産業、交通、工場からの有害物質の排出などが国民経済に生じさせるコストを算出して公表している。いわば環境汚染によって負うコストの「見える化」である。

たとえばＵＢＡは２０２０年に公表した報告書の中で、「２０２０年の時点では、排出されるCO_2 １トンあたりによって社会が負担しなくてはならないコストは、１９５ユーロ（２万７３００円）だが、２０２５年には、２５０ユーロ（３万５０００円）に増える」と推計している。

ＵＢＡがグリーン経済成長の重要性を強調するのは、環境保護によってこれらのコストを節約することができるからだ。たとえばＵＢＡは、「ドイツは再生可能エネルギーの使用によって、２０１１年に社会に生じるコスト１１０億ユーロ（１兆５４００億円）を節約できた」と主張している。

一方、ＵＢＡは２０１７年に公表した研究報告書の中で、「工場や交通からの微粒粉塵による呼吸器系疾患のために、ドイツでは２００７〜２０１５年までに毎年平均

4万4900人が死亡した」と推計している。

またUBAは、「環境破壊に対する対策を取らなければ、気候変動と生物多様性の喪失が引き起こす損害の総額は、2050年には世界のGDPの4分の1に達する」とも予測している。

要は、地球環境を守るということが道義的な理由だけでなく、経済合理性の面でも必要になってきているということだ。

このためUBAは、「エコノミー（経済）」と「エコロジー（生態系の保護）」を両立させ、天然資源の浪費をやめることや有害物質の排出量の削減、サプライチェーン（商品開発から、商品が消費者に届くまでの一連の流れ）の見直しなどを含む、グリーン経済成長を実現するべきだと訴えている。

◆環境保護にお金を使いつつ、経済成長と財政黒字も実現

このグリーン経済成長を実現するために、ドイツの政府、企業、市民は毎年約11兆円を環境保護に投じている。

これだけ環境保護のためにお金を使ったら、どうしても経済成長に悪影響が出るのでは

ないかと思ってしまうかもしれない。確かに環境汚染を防ぐために多額の支出を行い、空気や水質が浄化されても、人々の生活水準が下がったり、国が貧しくなったりしたら元も子もない。

しかし様々な統計を見ると、ドイツが環境保護のために毎年多額の費用を支出しながらも、経済成長を続けてきたことがわかる。

UBAによると、ドイツの環境保護支出は2010年から2019年までの10年間に46・4%増えた。経済協力開発機構（OECD）によると、同じ期間にドイツのGDPは16・5%増加した。EU全体（14・4%）や日本（8・3%）よりも高い成長率だ。

この期間にドイツは毎年平均1・65%の成長を記録したことになる。EU（1・44%）や日本の平均成長率（0・83%）を上回っている。

OECDの統計で1990~2020年の日独の経済成長率を比べると、この31年間に日本の経済成長率がドイツを上回った年は9回だけだった。

しかもドイツは経済成長を続けるために、過剰な借金に頼らなかった。日本や米国は恒常的に財政赤字を続けているが、ドイツは2014年から2019年まで、財政黒字を記録している。つまり歳入が歳出を上回っているので、国債などの借金で赤字を穴埋めしていない。21世紀に入って、先進7ヶ国（G7）の中で、このような「健全経営」を行った国はドイツだけだ。国際通貨基金（IMF）によると、日本政府の2020年の公共債務残高のGDPに対する比率は256・9％だったが、ドイツの比率は72・5％と日本の3分の1未満だった。

着実な経済成長は、環境保護のためにも重要である。環境保護の鍵は、イノベーション（技術革新）だ。新しい環境保護技術を生むことによって、大気中への有害物質の排出量、水やエネルギーの使用量などを減らして環境への負荷を少なくしながら、経済成長を続けることができる。逆に言えば、環境保護技術を発展させれば、経済活動が活発になっても、環境への悪影響を少なく抑えることができる。

環境保護のための新しい技術の開発を可能にするには、経済成長によって人的資源や資金が豊富にあった方が良い。経済的に豊かな国ほど、そうした技術を開発するための余力を持つことができる。つまりドイツ人たちが取り組んでいるテーマは、「環境保護と経済成長のどちらを選ぶか」ではなくて、「環境保護と経済成長がお互いに連携しながら、両立する道をどのように見つけるか」なのである。

この2つを同時に実現することが可能であることを示唆するデータがある。ドイツ経済研究所（ＩＷ）のフベルトゥス・バルト研究員は、１９９１年から２００４年の経済成長率と、天然資源の使用量・有害物質の排出量を調べた。その結果、ドイツはこの期間に経済成長を達成しながら、環境への負荷を減らしたことがわかった。ドイツは13年間でＧＤＰを17・４％増やす一方で、人体に悪影響を及ぼす有害物質・二酸化硫黄の排出量を85・３％、窒素酸化物の排出量を40・８％減らした。また工業生産などに使用される水の量を21・６％減らすことに成功した。

バルト研究員は、「環境に対する悪影響を抑え、天然資源を効率的に使いながら経済成長を実現することは可能だ」と主張している。

◆ドイツの環境保護支出は、これからさらに増える

さてドイツの環境保護のための支出は、今後さらに増える。その理由は、地球温暖化と気候変動に対する危機感が強まっており、今後、その最大の要因とされているＣＯ$_2$の排出量を減らす取り組みが重要度を増すからだ。ＣＯ$_2$削減の動きはドイツだけではなく、欧州、そして世界全体で強まっている。

この流れに拍車をかけたのは、２０１５年12月の第21回気候変動枠組条約締約国会議

(図表1-7)ドイツは環境保護に多額のお金を使っても経済成長

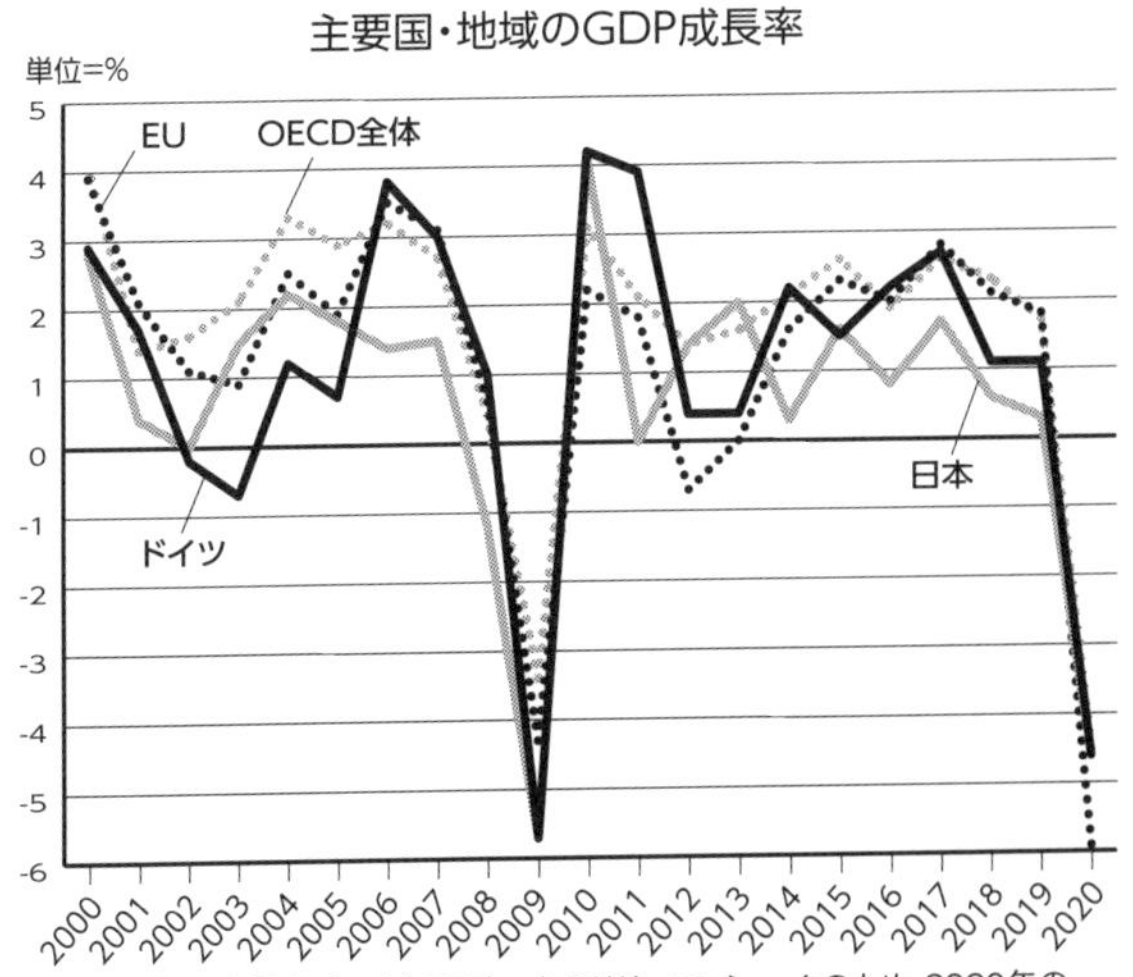

注)2009年の成長率がマイナスになったのはリーマンショックのため。2020年の成長率がマイナスになったのは、コロナ・パンデミックのため。

資料=経済協力開発機構(OECD)

(図表1-8)環境への悪影響を減らしながら経済成長を実現することは可能

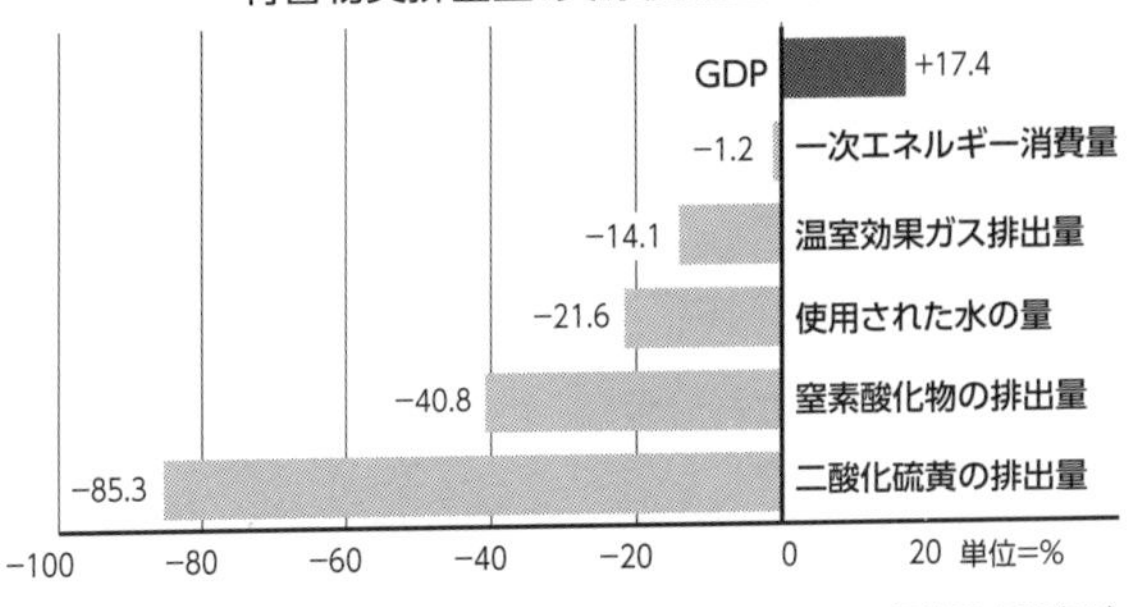

資料=ドイツ経済研究所(IW)

（COP21）で合意されたパリ協定である。195の参加国・参加団体は、地球温暖化による気候変動を人類全体への脅威と見なし、工業化以前に比べた平均気温の上昇幅を2度（可能ならば1・5度）未満に抑えるべく努力することを約束した。

「気候変動に関する政府間パネル」に属する科学者たちは、2021年8月に発表した報告書の中で「地球温暖化が人間の活動によって引き起こされていることは疑いない」と主張。気候変動は世界各地で旱魃、海面上昇、集中豪雨、ハリケーン、竜巻、森林火災などの災害の頻度を増やすと予測している。特に気候変動による被害は、アフリカや東南アジアなどの発展途上国で深刻化することが懸念されている。

欧州連合（EU）は2019年12月、「2050年までにカーボンニュートラルを達成する」という目標を打ち出した。カーボンニュートラルとは、CO_2の排出量を「実質ゼロ」にすることだ。人間が生活したり、経済活動を行ったりする以上、CO_2の排出を完全にゼロにすることは難しい。そこで、人間の生活や経済活動から出るCO_2の量を、植物などによるCO_2の吸収量と等しくするというのが、カーボンニュートラルの発想だ。

具体的には、植物による吸収だけでは追いつかないCO_2の排出分を、植林やCO_2を空気中から回収して地中などに貯蔵するCCS（炭素回収貯留）技術などによって相殺する。

つまり排出されたCO_2と同じ量のCO_2を回収することによって、差し引きゼロにする。

ところが、地中に眠っていた石炭や石油、ガスなどを掘り出して燃やすと、閉じ込められていた炭素が放出されて、CO_2排出量がさらに増え、植物などが回収できる能力を大幅に上回ってしまう。欧州の国々が脱化石燃料を目指しているのは、そのためだ。

ＥＵのウルズラ・フォン・デア・ライエン委員長は、２０１９年12月の就任直後、地球温暖化の抑制を、欧州にとって最も重要な政策課題とすることを明らかにした。ＥＵは中間目標として、２０３０年までにCO_2排出量を１９９０年比で55％減らすことを目指している。

ドイツ政府は、カーボンニュートラルをＥＵよりも5年早い２０４５年に実現する方針を明らかにしている。

オラフ・ショルツ首相は２０２１年12月に行った演説で、「ドイツ経済と製造業界は、過去１００年間で最大の変化を経験する」と語った。これまで石炭や石油、天然ガスなどの化石燃料に支えられてきた産業界を大改造し、CO_2排出量がきわめて少ない経済システムを打ち立てる。18世紀半ばから19世紀にかけて英国で本格化した産業革命では、主に石炭つまり化石燃料がエネルギー源として使われた。第一次世界大戦、第二次世界大戦、その後の経済復興を支えてきたのも、化石燃料だった。ドイツは、エネルギー源の中心を化石燃料から、風や太陽などの自然エネルギーに変えようとしている。我々がいま目にしているのは、産業革命以来最も大がかりな経済改革だ。ある意味で非炭素化は、経済のデジタル化と並ぶ、21世紀の産業革命である。

◆ドイツ自動車業界のEVシフトは本気だ

たとえばドイツのものづくり産業の屋台骨である自動車業界に、いま大きな変化が起きつつある。この国の自動車業界は、化石燃料を使うガソリン車（ガソリン）とディーゼル車（軽油）、つまり内燃機関（エンジン）の車の製造・販売によって成長してきた。日本でもファンが多いドイツ車は、いわば化石燃料文明の象徴である。

だがドイツの自動車産業は、いま急速に脱化石燃料へ向けて舵を切っている。化石燃料を使わない車の代表選手は、バッテリーを動力にする電気自動車（ＥＶ）や、水素やメタノールを使う燃料電池車だ。ちなみに、バッテリーだけを動力にする電気自動車はＢＥＶと呼ばれる。

脱化石燃料時代へのつなぎとして当面使われているのが、プラグイン・ハイブリッド車

（ＰＨＶ）とハイブリッド車（ＨＶ）だ。ＨＶはガソリンエンジンとモーターを搭載した車で、日本で広く普及している。ＰＨＶは、ハイブリッド車に大型のバッテリーを搭載し、家庭用電源からプラグを使って充電できるようにしたもの。ＰＨＶは、充電された電力を使ってモーターだけでも走行できる。バッテリーの電力が不足した場合には、ガソリンエンジンまたはディーゼルエンジンを使って走る。このため、ＰＨＶはＨＶよりもエコではあるが、CO_2を出さない無排出車（ノーエミッションカー）とは見なされない。

ドイツでは、２０２０年以降、ＢＥＶとＰＨＶの売れ行きが爆発的に伸びた。実際ミュンヘンの町を歩くと、ナンバープレートの末尾にＥという文字を付けた車が、目に見えて増えている。これはその車がＢＥＶ、ＰＨＶまたは燃料電池車であることを示す。

ドイツ連邦自動車庁（ＫＢＡ）によると、ＢＥＶの新車の販売台数は２０２０年に前年比で２０７％、２０２１年にも83％増えた。ＰＨＶの新車販売台数も、２０２０年に前年比で３４２％、２０２１年には62％増加した。ドイツでＢＥＶとＰＨＶの新車の販売台数がこれほど急激に伸びたのは初めてだ。

２０１９年に売れた新車にＢＥＶとＰＨＶが占める比率は３・１％だったが、２年後には26％に急拡大した。これとは対照的に、２０１９年に新車の91・２％を占めていたガソリンエンジンまたはディーゼルエンジンを搭載した車の比率は、２０２１年には57・１％に激減した。この結果、ドイツはＢＥＶとＰＨＶの普及台数が中国、米国に次いで世界で３番目に多い国になった。

ちなみに２０２１年にドイツで売れた新車にＢＥＶが占める比率（13・６％）は、日本（０・９％）の約15倍である。

自動車業界の「地殻変動」が起きた理由の一つは、ドイツ政府が思いきった助成策を実行したからである。２０２０年７月にメルケル政権（当時）は、ＢＥＶかＰＨＶを買う市民への購入補助金のうち、政府負担額を2倍に増やした。たとえば値段が4万ユーロ（５６０万円）までのＢＥＶを買うと、政府とメーカーから９０００ユーロ（１２６万円）の補助金を受け取れる。価格が4万ユーロまでのＰＨＶを買うと、補助金の額は６７５０ユーロ（94万５０００円）になる。ＢＥＶは内燃機関の車に比べて割高だが、国とメーカーから１００万円を超える補助金を得られるというのは、魅力的である。ディーゼルまたはガソリンエンジンを使う車にはもちろんのこと、ハイブリッド車（ＨＶ）にも、補助金は出ない。

政府は２０２３年からＰＨＶ補助金を廃止したが、ＢＥＶ補助金は金額を減らして継続する。

ドイツの町を車で走っていて最も目立つＢＥＶは、米国のテスラの製品だ。２０２１年にこの国で売れたＢＥＶの中で、最も多かったのがテスラのモデル３で、約３万５０００人がこの車種を選んだ。ポルシェやＢＭＷで働いた経験を持つ、ドイツ人の自動車エンジニアは、テスラの車を試乗して、「現時点ではドイツの自動車業界はこれほど高水準のＢＥＶを作れない」と絶賛していた。モデル３の最低価格は４万３５６０ユーロ（６１０万円）と高めだが、環境意識の高い富裕層の間では一種のステータス・シンボルになっている。ミュンヘンでは、お金持ちが多く住む地域でテスラの車を見かけることが多い。ユーザーのためのサービスもきめ細かい。

◆２０３０年までにＢＥＶ・ＰＨＶを約10倍に

ＢＥＶとＰＨＶの新車の購入台数が急に増えたもう一つの理由は、ドイツ政府が２０２１年１月から、自動車用の化石燃料と暖房用の化石燃料に、炭素税という追加的な税金をかけ始めたことだ。CO_2の排出にかかる費用を引き上げる、いわゆるカーボンプライシングだ。

最初の年の炭素税は、CO_2排出量1トンにつき25ユーロ（3500円）だったが、その額は年々引き上げられて、2026年には55ユーロ（7700円）になる。2027年以降の炭素税額は入札により決められるが、その最高価格は65ユーロである。実際、2021年以降ドイツのガソリンスタンドで車に給油すると、以前に比べて大幅に高くなったことを感じる。つまりドイツ政府は、ガソリンや軽油の値段をわざと高くすることによって、人々が内燃機関の車ではなくBEVを買うように仕向けているのだ。

さらにドイツ政府は、BEVの普及を促すために車両税も免除している。2011年5月18日から2025年12月31日までの間にBEVの新車を買った人は、原則として最高10年間にわたり車両税を支払う必要がない。これも、節約好きのドイツ人たちにとっては大きな魅力である。

つまりドイツ政府は、「CO_2を出す車に乗っていると費用がかさみ、CO_2を出さない車に乗り換えれば出費が減る社会」を作ろうとしているのだ。

ただし、その比率はまだ低い。連邦交通省によると、2022年9月末の時点でドイツでは約160万台のBEV・PHVが使われていた。全車両数（6770万台＝2022年1月末）の2・4％にすぎない。

たとえばポーランドやオーストリアの大都市では、ＢＥＶとＰＨＶのバスを頻繁に見かけるが、ドイツでは電気だけで走るバスは、ほとんど見かけない。

ただし２０２１年12月に発足したショルツ政権は、２０３０年までにＢＥＶとＰＨＶの台数を１５００万台に増やすという目標を打ち出している。普及台数を約10倍に増やすというのだ。ＢＥＶの比率を９年間で２％から30％に引き上げるという野心的な計画だ。

２０２２年10月に、ＥＵは内燃機関を使った新車の販売を２０３５年以降禁止することを決定した。このためフォルクスワーゲンを始めとする自動車メーカーは、「CO_2を排出する車には未来がない」と考えて、経営の主軸をガソリンエンジンやディーゼルエンジンの車から、ＢＥＶへ移しつつある。１８８６年にドイツの技師ゴットリープ・ダイムラーが小型のガソリンエンジンを積んだ、世界初の四輪乗用車を発明して以来、最も大きな変化の波がこの国の自動車業界を訪れているのだ。

ドイツ自動車工業会（ＶＤＡ）も、電化の波には抗（あらが）えないと判断し、２０２０年10月に「我々は２０５０年までにカーボンニュートラルを達成する」と宣言した。欧州最大の自動車メーカー、フォルクスワーゲンは、２０２５年までに毎年のＢＥＶ生産台数を３００万台に増やすという方針を打ち出した。同社は２０２３年までにＢＥＶ拡大などに

440億ユーロ（6兆1600億円）を投じる。

VDAは、政府に対し、BEV普及のために公共充電インフラの整備を急ぐよう求めている。2022年9月の時点でドイツの公共充電器の数は、6万8275個に留まっている。これは中国の2018年の公共充電器（33万個）の足下にも及ばない。VDAは、2019年5月に発表した報告書の中で、「2030年までに公共EV充電器の数を110万個に増やす必要がある。そのためには、140億〜210億ユーロ（1兆9600億〜2兆9400億円）のコストがかかるので、政府の助成措置が不可欠だ」と述べている。

つまりCO_2排出量が少ない車を大幅に増やすには、政府の多額の支出が欠かせないというのだ。

◆非炭素化に最高420兆円の費用？

非炭素化を実行しているのは自動車業界だけではない。製鉄業界、化学業界、セメント業界など様々な分野で、化石燃料を使わない製造方法への転換が進んでいる。対象となるのは、製品を作る過程でCO_2を排出する全ての業種。あるいは、自動車、船舶、航空機、

（図表1-9）2020年のBEVの新車販売台数は前年の約3倍

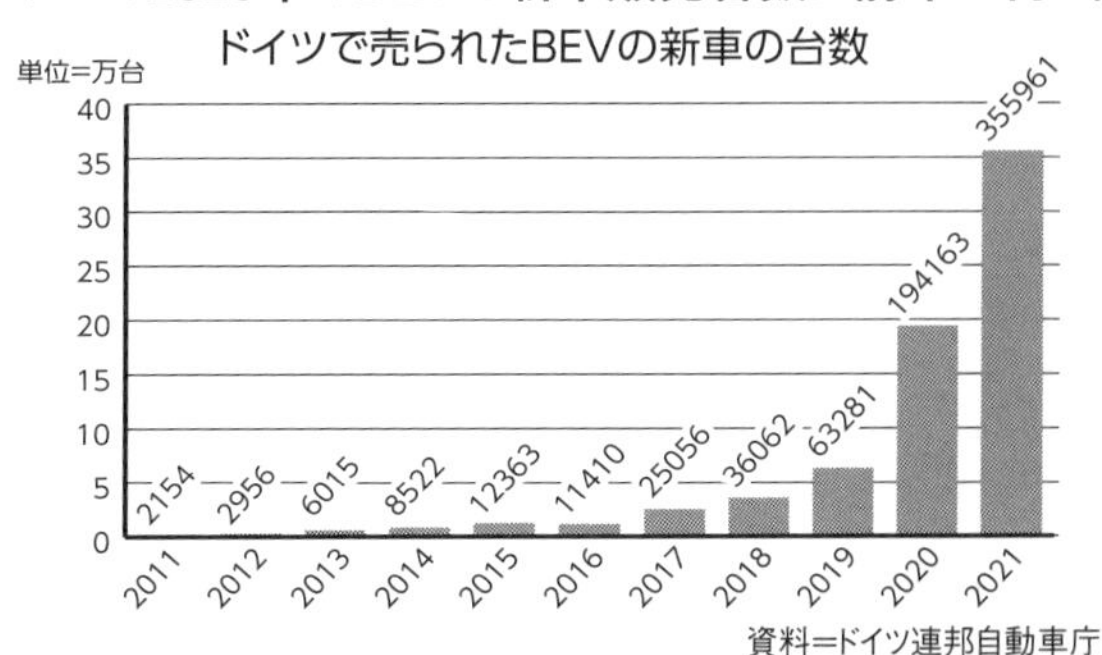

資料＝ドイツ連邦自動車庁

（図表1-10）BEV新車の比率が2年間で7.6倍に拡大

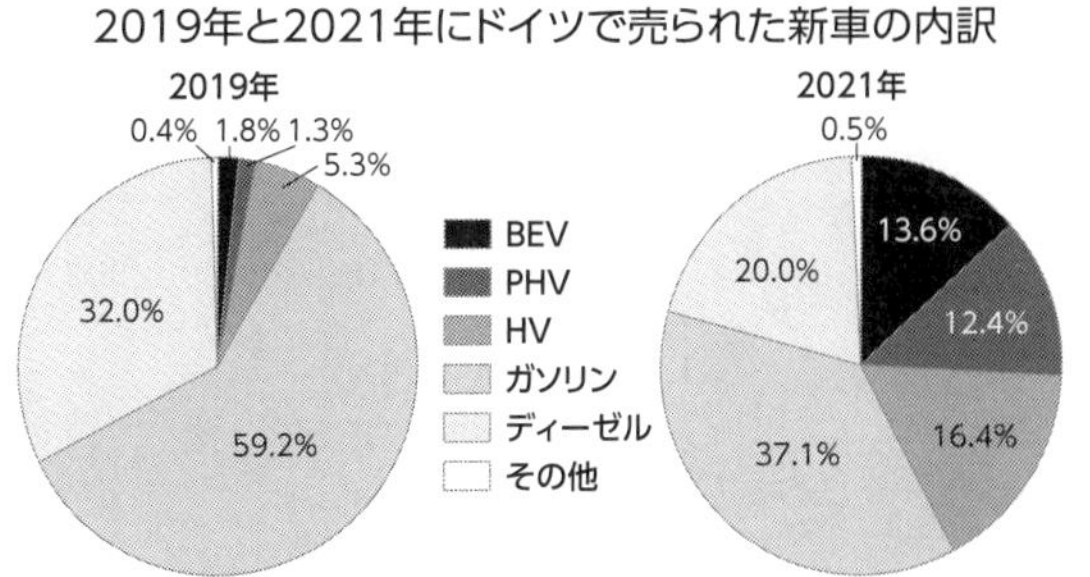

資料＝ドイツ連邦自動車庁

（図表1-11）自動車燃料に炭素税導入でBEV拡大を目指す

排出する$CO_2$1トンあたりの炭素税（ユーロ）の推移

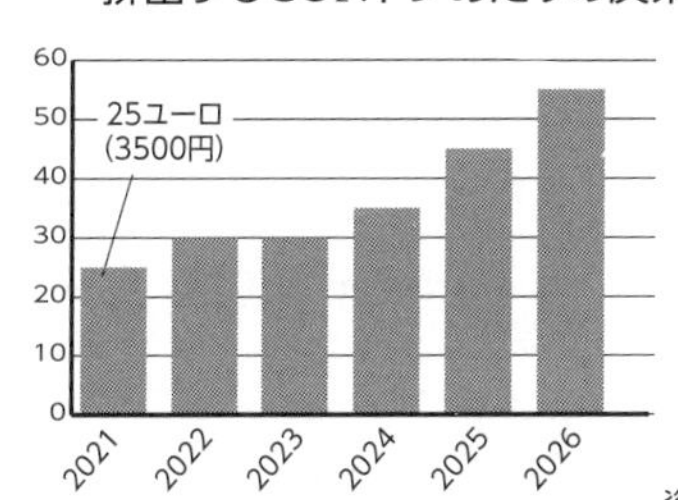

2027年以降の炭素税額は、市場での入札により決定される。最低価格は55ユーロ、最高価格は65ユーロ。

資料＝ドイツ自動車クラブ（ADAC）

建設機械のように、顧客、消費者が使う際にもＣＯ$_2$を出す製品を作っている業種だ。これらの業種は、製造工程で使われるエネルギーや、車両の動力となるエネルギーを変更してカーボンニュートラルの達成を迫られる。

ショルツ首相が言う「過去１００年間で最大の変化」を実現するために、どれくらいの費用がかかるのだろうか？　日本経団連に相当する経営者団体ドイツ産業連盟（ＢＤＩ）は、２０２１年11月に「エネルギー政策の５つの要点に関する計画」という報告書を公表した。この中でＢＤＩは、「２０３０年までの９年間に経済の非炭素化のために必要な投資額は、８６００億ユーロ（１２０兆４０００億円）に達する」と推定している。

ちなみにドイツ政治教養センターによると、東西ドイツ統一にかかった費用は、１９９０年から２０１６年の26年間で１兆９１００億ユーロ（２６７兆円）だった。旧東ドイツの老朽化した高速道路、鉄道網、通信網、集合住宅の改修などに莫大な費用がかかった。

だがエネルギー転換については、その約３分の１の期間（９年間）で、東西ドイツ統一の費用の45％の費用が必要になる。つまり今後エネルギー転換にかかる費用は、最終的には東西ドイツ統一にかかった費用を上回る可能性が強い。インフラ整備が遅れていた社会主義国・東ドイツを建て直し、生活水準を西側の水準に引き上げるプロジェクトよりも、いまの経済からCO_2を駆逐する方がお金がかかるというのだ。

またミュンヘンのｉｆｏ経済研究所のカレン・ピッテル研究員は、２０１９年11月に公表した報告書の中で「２０５０年までにドイツのエネルギー転換にかかる費用の総額は、最大３兆ユーロ（４２０兆円）にのぼる」と述べている。これは、２０２１年のドイツのＧＤＰ（３兆５６７０億ユーロ＝４９９兆円）の84％に相当する。

このように、地球温暖化、気候変動への対応は急務であり、ドイツではそのための対策に官民一体となって取り組んでいることがおわかりいただけたと思う。

しかし、読者の皆さんの中には、「ドイツがいくら頑張ってCO_2排出量を減らしても、中国や米国などが減らさなくては、世界全体のCO_2排出量は減らないではないか」と考える人もいるだろう。確かに米国のＮＧＯ「憂慮する科学者たち（ＵＣＳ）」によると、２０１９年のドイツのCO_2排出量は世界全体の約２％にすぎなかった。ＥＵの排出量も世界全体の約11％で、中国（約29％）や米国（約14％）に比べると低い。

そのことはドイツ人たちも理解している。彼らが環境保護やCO_2削減に力を入れる最大の理由は、「環境を守り、CO_2を減らしても経済成長を実現し、高い生活水準を維持することは可能だ」という実例を世界に示すことである。

さらに政府が法的な枠組みを変更して炭素税などを導入しているので、CO_2の排出に費用がかかるようになってきた。政府が企業に対し、「××年△月△日までに、化石燃料を一切使うのをやめて、CO_2排出量を30％減らせ」と法律で命じると、民間経済に生じるコストは莫大なものになる。

これに対してEUやドイツ政府は、CO_2を出すことの費用を引き上げつつ、どうやってCO_2を減らすか、いつまでにCO_2をどれだけ減らすかは、企業に決めさせる。企業は自分の業種や財務状態に一番適した方法で、CO_2を減らす。その方が、民間経済に生じる費用は比較的少なくて済むからだ。

企業にとっては、何も対策を取らずにCO_2を垂れ流しにしていると、炭素税など莫大なCO_2排出費用がかかって、業績が悪化する恐れがある。つまり環境保護に力を入れた方が、企業は費用を節約でき、黒字を増やせる時代になってきたのだ。

こうした時代環境の変化のために、ドイツは環境保護と経済成長を両立させることに成功しているのだ。

第2章

ドイツ人はなぜ、多少の不便を受け入れても環境を重視するのか

◆町の中に東京ドーム38個分の広さの公園

ドイツ人たちは、なぜこれほど環境を守ることに熱心なのだろうか。私はこの国に30年以上住んだ結果、その背景にドイツ人の「自然に対する並々ならぬ愛情」があると考えている。彼らは、美しい自然環境をあたかも酸素や水のように、生活の中に必要不可欠なものと感じている。こうした価値観を持っているから、環境保護に情熱を燃やす。

私は、ミュンヘン中央駅の西6キロの地域に住んでいる。私のアパートから歩いて1分の所に、ニュンフェンブルク宮殿の庭園が広がっている。この宮殿は、バイエルン州の地方豪族ヴィッテルスバッハ家が17～18世紀に建設させた離宮だ。宮殿の西側に広がる庭園の広さは、180ヘクタール。東京ドーム（4・7ヘクタール）38個分の広さだ。日本人の間でもよく知られたノイシュバンシュタイン城やヘレンキムゼー城などを建設させたルートヴィヒ2世は、この宮殿で生まれた。

庭園と言っても、その99％は鬱蒼とした森林である。森を縦横に縫うようにして、散歩道が作られている。東京の代々木公園や日比谷公園とは大きく異なり、あたかも原生林の中に迷い込んだかのようだ。樹齢100年を超える太い木が、沢山そびえている。

ドイツ人は、人間が手を加えた人工的な公園よりも、自然のままの姿に近い森が好きだ。この公園では自然が「主」であり、人間は「従」である。広大な森の中にいると、ここがドイツで三番目に人口が多いミュンヘン市内であることを忘れる。

ルートヴィヒ２世は政治など公務はそっちのけにして、ドイツ・オペラを代表するリヒャルト・ワグナーなど芸術家を支援した。また童話に出てくるようなお城を建てるために、公費を惜しみなく投じたため、「お伽話の王様」と呼ばれた。ニュンフェンブルク宮殿の森は、ルートヴィヒ２世が皇女エリザベートと一緒に散歩した場所でもある。

私は、このニュンフェンブルクの森で毎日１時間ジョギングをする。週末や祭日には、両親と子どもたち、恋人たちが散歩を楽しんでいる。愛犬を散歩させる人の姿も目立つ。お年寄りや身体の不自由な人たちも、杖をついたり車椅子に乗ったりして散策している。散歩道の途中に置かれたベンチに座ったり、広い草原に寝転んだりして、太陽の光を浴びている人もいる。人々が安心して歩けるように、自転車に乗ることは禁じられている。

４月後半になると、木の枝から若葉が出始め、５月には森は緑に覆われて蘇る。この季節には、欧州に多い鶫が「ひうひうぴゅう、ひうひうぴゅう」と日の出前から囀り、春の訪れを告げる。深い森の中で鳥の囀りを聞きながら散歩したり、ジョギングしたりするのは、爽快である。

森では時々鹿やリス、ハリネズミなどの野生動物を見かける。鹿たちは人間を怖がらず、時々散歩道を横切ったり、森の奥で若葉を食べたりしている。ニュンフェンブルク宮殿の森は、野鳥の楽園だ。池で悠々と泳ぐ白鳥や鴨。二羽で枝から枝へ楽しそうに飛び移る白黒、青色の羽が美しいカササギの番い。木の幹の洞でうつらうつら居眠りをするフクロウや、小川で魚をついばむアオサギもよく見かける。

気温が氷点下まで下がる真冬にも、新雪を踏みしめながら、静寂に満ちた森を歩けば、春夏とは違った厳しい表情の自然を味わうことができる。

◆ミュンヘンの1人あたりの緑地面積は東京の17倍

ドイツ人たちは子どもの頃から、両親や友人とともに森や公園で散策するという習慣が身についている。彼らは大人になってからも、森の中の散歩を欠かさない。

職場でストレスがたまるのは、ドイツも日本と変わらないが、森を歩けば、上司の叱責やPCの画面を見つめ続けたことによる疲れも、徐々に取れてくる。ITに支配された日常と、小鳥の囀りに満ちた森のコントラストが、心に均衡をもたらす。つまりドイツ人に

ニュンフェンブルク宮殿の庭園

ニュンフェンブルク宮殿の庭園の広さは180ヘクタール。
休日は多くの市民が憩う。

著者撮影

とっては、森を歩いて自然の美しさを満喫することが生活の一部となっている。ドイツのアパートなど不動産の中で最も人気があるのが、公園などの緑地が歩いて行ける距離にある物件である。

ドイツ人がゆとりのある生活を送っていることも、重要だ。ドイツの会社や役所では、法律によって1日の労働時間が10時間以内に制限されている他、毎年30日の有給休暇を全部消化することは当たり前になっている。このため、人々は仕事が終わった後や、休暇中に自然の中で散歩したり、スポーツをしたりすることができるのだ。この心のゆとりが、環境問題や自然の重要さを身近に感じる上で、大切な条件になっている。

ドイツでは、自然の中に身を置けるということが、生活の質（クオリティ・オブ・ライフ）を保つ上で重要な要素になっている。逆に言えば、ドイツ人たちはいくらお金を沢山稼いでいても、自然に身近に触れられる環境にいなければ、幸福感・充足感を味わうことができない。

ドイツの町の特徴は、森や公園、緑地が多いことだ。ミュンヘン市役所によると、この町には27の公園、緑地がある。中でも、ミュンヘンの東部を縦断するように流れるイザール川に沿って広がる英国庭園は広さが375ヘクタールで、ドイツ最大の公園の一つ。町の中心部からすぐにアクセスできる巨大な緑地は、市民にとって重要な憩いの場である。

この公園でも、ニュンフェンブルク庭園と同じように、鬱蒼（うっそう）とした森が多い。他にも、東部のオストパルク（広さ56ヘクタール）、西部のヴェストパルク（69ヘクタール）、町の中心に近いルイトポルド公園（33ヘクタール）、鹿が飼育されているヒルシュガルテン（40ヘクタール）など枚挙に暇がない。

ドイツの週刊誌フォークスは、2018年に、世界の都市50ヶ所について、市民1人あたりの緑地面積のランキングを発表した。同誌によると、世界で最も市民1人あたりの緑地面積が大きいのはアイスランドのレイキャビクで、410・84平方メートルだった。

ドイツで最も市民1人あたりの緑地面積が大きいのはハンブルクで、114・07平方メートル（第9位）、ベルリンは88・10平方メートル（第18位）、ミュンヘンは72・06平方メートル（第24位）だった。私はミュンヘンについて緑が多い町だと思っていたが、これでもハンブルクやベルリンより1人あたりの緑地面積が小さいのだ。

ちなみに同誌によると、東京の都民1人あたりの緑地面積は4・03平方メートルで、50の都市の中で最も小さかった。東京都の「都市公園等区市町村別面積・人口割比率表」という資料を見ても、2018年の東京23区の市民1人あたりの緑地面積は4・32平方メートルとなっている。つまりミュンヘンの市民1人あたりの緑地面積は、東京の約17倍、ハンブルクは約26倍である。

ドイツの町に公園や緑地が多い理由の一つは、この国が連邦制を採っているために、人口の一極集中や都市の過密化が起きていないからだ。ドイツで人口が最も多い首都ベルリンでも人口は約366万人。東京23区の人口(966万人)の半分にも満たない。第2位のハンブルクの人口は185万人、第3位のミュンヘンは149万人にすぎない。

ドイツでは、就職するために首都に行く必要はなく、他の町でも仕事は見つかる。首都のベルリンは議員、公務員やジャーナリスト、学者などが多い町で、大手企業の数は他の町に比べると少ない。銀行が多いのはフランクフルト、自動車産業ならばシュトゥットガルトやヴォルフスブルク、インゴルシュタット、ITや保険、電機産業ならばミュンヘンというように、それぞれの町に特色がある。このため市民は自分が働きたい職種の企業が多い町に引っ越す。

さらにドイツの企業の約99%は中小企業で、全国各地に散らばっている。これらの企業の多くは特定の部品やテクノロジーに特化したメーカーで、多くの優秀なエンジニアが働いている。小さな町の企業で働けば、職住接近も実現できる。こうした産業構造も、都市への人口の集中を防ぐのに役立っている。

都市が巨大化しておらず町がこぢんまりしているので、市民が町の中心部から気軽に緑地や公園、森林に行けるという利点がある。大都市の住民にとっても、森は身近な存在なのだ。

百聞は一見に如かず。私はフェイスブックのページに、ミュンヘンの森で撮った写真を頻繁に公開しているので、是非見てほしい。リンクは次の通り（全ての人に向けて公開しており、誰でもアクセスできます）。https://www.facebook.com/toru.kumagai.92

◆森はドイツ人のアイデンティティの一部

ドイツの森の面積は約1140万ヘクタールで、国土の3分の1を覆っている。森はドイツ人にとって独特の意味を持っており、彼らのアイデンティティの一部と言っても、大げさではない。

古代のゲルマン人たちにとって、森は外国の侵略者から身を隠すのに絶好の場所だった。ローマの歴史家タキトゥスは、紀元98年に書いた『ゲルマニア』の中で「ゲルマン人が住む地域のほとんどは、深い森と湿地に覆われている」と記している。森は、ゲルマンの戦士たちにとって重要な味方だった。

ローマ帝国は、ほぼ今日のドイツにあたるゲルマニアに軍団を送って征服を試みた。紀元9年に現在のドイツ北部のトイトブルクの森で行われた戦いでは、ゲルマン人たちは森林地帯に隠れてローマの軍団を待ち伏せし、波状的な奇襲攻撃によってほぼ全滅させた。

タキトゥスは『年代記』の中でこの戦いについて言及している。多くのローマ人たちにとっては、蛮族と思われていたゲルマン人がローマの軍団に壊滅的な打撃を与えたことは衝撃だった。タキトゥスは同書の中で「戦いで生き残った兵士たちによると、戦場にはローマ軍の兵士や馬の骨、武器が散らばり、木の幹からはローマ兵の生首がぶら下げられていた」と書いている。この戦いで惨敗したことにより、ローマ軍はゲルマニア征服をあきらめる。タキトゥスは、ゲルマン人を「誇り高く勇猛な蛮族」と捉えていたようだ。

ローマ人たちにとってゲルマニアの深い森は湿地が多く、危険と謎に満ちた、暗く不気味な場所だったが、ゲルマン人たちにとっては外敵から自分たちを守る「防壁」でもあった。彼らは森とともに生きる民だった。

この神秘的で不可解な森のイメージは、18~19世紀のドイツ・ロマン主義の文学や絵画に受け継がれていく。

ロマン主義の時代に生きたドイツの言語学者グリム兄弟は、約240編の童話を集めて出版した。彼らが集めた童話にも、森は頻繁に登場する。そこでは、森は人知では計り知れない不思議な現象や危険が潜む場所として描かれている。「赤ずきん」が道草を食って狼にだまされるのは、深い森の中だ。ヘンゼルとグレーテルが口減らしのために親に捨てられ、魔女が作ったお菓子の家を見つけるのも、森の中である。

グリム兄弟が集めた童話の一部は、樹木を生命の源や、人間を助ける存在として描いている。たとえば日本では「シンデレラ」として知られる「灰かつぎ姫（アッシェンプッテル）」の物語は、その典型だ。

この物語の中で継母（けいぼ）にいじめられるシンデレラを助けるのは、ハシバミの木だ。シンデレラが実母の墓にハシバミの実を植えたところ、この木が大きく育って、シンデレラが舞踏会に行けるように豪華なドレスなどを与えてくれる。つまりハシバミの木が母親の生まれ変わりとして、シンデレラを助けたのだ。

『ドイツの森』という本を書いたデトレフ・アレンスという著述家は、「ドイツ人が森に対して抱く感情には独特のものがある。フランス人は、幾何学模様に整えた公園を好むが、それは彼らが自然を征服して距離を置こうとしていることを示す。これに対し、ドイツ人は森の懐に抱かれることを好み、森を生活圏の一部と見なしている」と述べている。

私はドイツ人ではないが、33年間にわたってこの国の森の中で散策したりジョギングしたりすることで、心と身体が洗われるのを何度も体験した。特に、樹木から新緑が日に日に伸びて来る4月から5月には、森の強い生命力に心を打たれた。この葉が光合成によってCO$_2$を吸収し、逆に我々が必要とする酸素を出す。

私は1990年代に、ミュンヘンのボーゲンハウゼンという、特に樹木が多い地区のオフィスで働いたことがある。20世紀初頭に建てられたクラシックな建物の窓から外を見ると、目に入るのはこんもりとした緑の葉だけだった。樹木は、コンピューターの画面を見続けてくたびれた眼と心を休ませてくれた。人間にとって森はかけがえのない、貴重な存在である。私は長らく緑の多い町で暮らしているので、ドイツ人たちが森を愛する心をよく理解できる。

ドイツ人の環境保護への熱心さ・執着ぶりは、彼らの森に対して寄せる愛情抜きには、説明できない。森はドイツ人のアイデンティティの一部なのだ。自然との触れ合いは、彼らにとって酸素や水と同じように、生きる上で不可欠の要素なのだ。

◆酸性雨による森の死滅問題

ドイツ人の環境意識が高いもう一つの理由は、彼らが深刻な環境汚染を経験したからだ。ヨーロッパの国々は地続きである上、河川は多くの国を通って流れている。このため一つの国で環境汚染が起こると、他の多くの国々に影響を及ぼしやすい。

1970年代から1980年代にかけて、一部の森林学者たちが「大気汚染によって酸性雨が発生し、西ドイツだけでなく中欧の広範囲の地域で森が死につつある」と主張した。西ドイツ、東ドイツ、チェコスロバキアなどの褐炭火力発電所や化学コンビナートからの有害物質、特に二酸化硫黄が酸性雨を引き起こした。社会主義国東ドイツやチェコスロバキアでは、有害物質への規制が西側よりも緩かった。有害物質は大気に広がり、鉄のカーテンを越えて西側の森に降り注いだ。

私も1990年代に旧西ドイツの山岳地帯を歩いた時に、人里離れた森林でも多くの木が立ち枯れしているのを見たことがある。森をこよなく愛するドイツ人にとって、これは自らのアイデンティティに関わる問題だ。

このこともあって森の死滅問題は、1980年代のドイツでは反原発運動と並び、最も重要な環境問題の一つとなった。1981年11月にドイツのニュース週刊誌シュピーゲルが「森の死滅」というカバーストーリーを掲載して以来、この問題は市民の大きな注目を集めた。一部の森林学者は「1984年の時点で西ドイツの樹木の3分の1が酸性雨による被害を受けている」と主張。1980年に環境保護政党・緑の党が結成され、徐々に支持率を高めていった背景にも、酸性雨と森の死滅問題に対する市民の強い危機感がある。

工業文明が排出する有害物質のために、木がまるで白骨のように立ち枯れている光景は、森を愛するドイツ人たちに強い衝撃を与えた。

ドイツ政府が1990年の東西ドイツ統一直後、社会主義国だった東ドイツの褐炭火力発電所を全て停止させた裏にも、酸性雨による森の死滅に歯止めをかける狙いがあった。

2003年にドイツの経済大臣だったレナーテ・キューナスト（緑の党）は、「森の死滅」現象には歯止めがかかったと発表した。しかし現在ドイツは新しい脅威に直面している。環境保護団体は、「地球温暖化によって害虫に食い荒らされたり、気候変動で頻度が増加した突風によって倒されたりする樹木が増えており、『第2次の森の死滅』というべき現象が起きつつある」と主張している。

樹木は通常、樹液によって、幹が害虫に食い荒らされるのを防ぐ。だが気候温暖化と雨不足によって樹液が少なくなっているために、キクイムシによる被害が増えているのだ。

◆チェルノブイリ原発事故がドイツの森林を汚染

１９８６年4月にウクライナ（当時はソ連）のチョルノービリ（チェルノブイリ）原子力発電所で起きた爆発事故も、約１６００キロメートル離れたドイツで深刻な環境汚染を発生させた。大気中に放出された放射性物質がドイツ南部の上空を通過している時に雨が降ったために、南部のバイエルン州を中心に農作物や土壌が汚染された。

放射性物質を含んだ雨が降り注いだ同州東部の森林地帯「バイリッシャー・ヴァルト」や、ドナウ川南部地域では、一時1平方メートルあたり最高10万ベクレルのセシウム１３７で汚染された場所が見つかった。

地上に降ったセシウム１３７は、キノコや野いちごなどを汚染しただけではなく、これらを食べた鹿や猪など野生動物の身体にも入り込んだ。ドイツでは秋に森で摘んだキノコを自宅で調理して食べる人が少なくない。また鹿料理のファンも多い。連邦放射線防護局（ＢｆＳ）によると、事故から35年経った２０２１年の時点でも、バイエルン州の森林地帯では、一部のキノコから1キログラムあたり４０００ベクレルを超えるセシウム１３７が検出された。ドイツでは、セシウム１３７の含有量が1キログラムあたり６００ベクレルを超えるキノコを売ることは法律で禁止されている。放射能で汚染された牧草を乳牛が食べたために、粉ミルクがセシウムで汚染された例もある。

　ドイツでは１９７０年代から農民を中心に反原発運動が起きていたが、チェルノブイリ事故は原子力エネルギーに不信感を抱く市民を大幅に増やした。かつては原子力発電に理解を示していた社会民主党（ＳＰＤ）もこの事故以降は、緑の党と同じように脱原子力を主張し始めた。

　この年にドイツは、もう一つ深刻な環境汚染を経験した。１９８６年11月にスイスのバーゼル近くにあるザンドス社の化学工場で火災が発生し、消火のために使われた水が大量の化学物質とともにライン川に流れ込んだ。川はどす黒い赤色に染まり、下流のドイツでも大量の魚が死んで、何トンもの死骸が岸辺に打ち上げられた。

　旧ソ連とスイスで起きた2つの環境汚染は、有害物質が国境を越えて欧州の広い地域に拡大し、生態系に甚大な被害を与えた。これらの記憶が、ドイツのみならずヨーロッパに住む人々の脳裏に深く刻み込まれた。

　こうした経験が「経済成長は重要だが、環境を守ることは豊かな生活を実現するための前提だ」と考える価値観を生んだ。つまり経済成長と並行して環境保護の努力を行うことは、回り道をするようだが結局は市民の幸福につながるという考え方である。

２０２２年夏にも、ポーランドとドイツの間を流れているオーデル川で大量の魚が死んでいるのが見つかった。死んだ魚の量は４００トンにのぼる。原因はまだ特定されていないが、ザンドス社の火災以来最も深刻な魚の大量死として、ドイツ人たちに強い衝撃を与えている。

◆学校教育でも環境保護を重視

もう一つ忘れてはならないのは、学校教育だ。

ドイツの教育行政の細部を担当するのは州政府だが、多くの州では、環境保護に関するテーマを積極的に授業計画の中に盛り込むことを義務付けている。その根底にあるのは、「持続可能な発展のための教育（ＢＮＥ）」というキャンペーンだ。

２００２年に国連が開始したＢＮＥキャンペーンを、ドイツの省庁や教育機関は真剣に実行に移している。ドイツの連邦環境消費者保護省は、各州の教育担当者のために環境保護や持続可能性、気候保護についての大量の資料をウェブサイトの中で公開している。児童や生徒たちは、自分たちが店で買う商品はどこから来ているのか、商品を製造したり輸送したりするために、どのような環境への負荷が生じるのか、環境への悪影響を減らすには、どのように消費・行動すれば良いのかを学ぶ。

特に各州の教育省が重視しているのは、環境保護を教科書から知識として学ぶだけではなく、行動することだ。たとえばバイエルン州では、エネルギー節約、植林、動植物の保護など環境保護に関連するプロジェクトに力を入れた学校に、「環境保護賞」を授与している。生徒たちは、学校の屋上に太陽光による温水装置を取り付けて学校の暖房代を節約したり、太陽光発電設備で学校の電気代を節約したり、蜜蜂のための巣箱を作ったりする。子どもたちは、プロジェクトに参加して実際に手や足を動かすことにより、自分たちの環境は自分たちで守るという意識を身につける。

子どもの頃に環境保護活動に参加した体験は、大人になっても心の中に残る。こうした教育方針も、ドイツ人の環境マインドの強さに影響を与えている。

◆公共意識と環境保護への関心は比例する

もう一つの要素は、ドイツ人が公共性を重視するということだ。

日本では、「ドイツ人をはじめとする欧米人は個人主義が強いので、日本人より公共意識が希薄だ」と思っている人がいるかもしれない。しかし、私はドイツに30年以上住んで、全く逆の意見を持っている。日本人はドイツ人と比べて公共意識が希薄で、そのために環境を守ることに対しても熱心になりきれない、ということだ。

たとえばドイツで山登りをすると、ゴミのポイ捨てがほとんど見当たらない。市民たちは責任を持って自宅にゴミを持ち帰り、美しい環境が汚れないように注意している。一方、日本では富士山の登山道などでのゴミのポイ捨てが問題になっていることが一つの典型だ。

公共意識の差は、子どものしつけに如実に表れているように思う。

日本では電車の中やレストランなどで、子どもたちが大声で騒いでいる場面に遭遇することが多い。日本では、そんな公共の場で子どもたちが大騒ぎしていても、親が叱って黙らせることは滅多にない。

一方、ドイツの親は、子どもがそんなことをしたら、「Schluss jetzt（いい加減にしろ）」と大声ですぐに叱って黙らせる。

その場の雰囲気がガラッと変わるほどの剣幕で、怒る。放置しておくと、他人に迷惑をかけることになるからだ。

日本人は、身内、すなわち家族や親類、会社の同僚や友人など、自分が知っている、もしくは何らかの関係性を持っている集団の中では、非情に細やかな神経を使う。だがこの集団の外にいる「赤の他人」に対しては、配慮の意識が乏しくなる傾向がある。私が日本人の公共意識が希薄だと感じるのは、そのためだ。

未来の世代が健康的な暮らしをできるように、自然環境を守り、美しい地球を引き継ぐというのは、まさに公共意識の発露である。

第3章
ドイツの計算ツールで、自分が出すCO_2を〝見える化〟しよう

◆政府がCO_2排出量の計算ツールを公表

経済成長と環境保護を両立させるための第一歩は何か。それは、自分の生活や仕事が環境をどれくらい「汚しているか」を、知ることだ。

そこでドイツ政府はすでに14年前に、国民一人ひとりの環境への悪影響、具体的には地球温暖化につながるCO_2の排出量を「見える化」させる取り組みを始めた。

ドイツ連邦環境局（UBA）は、2008年以降、市民が自分の生活から排出されるCO_2の量を計算できるツールをウェブサイト上で公開しているのだ。

このツールが初めて公開された直後には、社会から大きな反響はなかった。だがこのウェブサイトは2019年以降、多くの市民の注目を集めるようになった。それは、この年にドイツの若者の間で、気候変動についての関心が急激に高まったからだ。

引き金となったのは、スウェーデンの環境活動家グレタ・トゥンベリさんが始めた、抗議デモ「フライデーズ・フォー・フューチャー（＝FFF・未来のための金曜日）」である。

グレタさんは15歳の時にストックホルム議会の前にひとりで学校の授業をボイコットし

て座り込みを始め、政府に対して地球温暖化を抑制するための政策を強化するよう要求した。彼女はこの行動を「気候を守るためのストライキ」と呼んだ。この運動は世界中のメディアによって報道され、若者たちによるグローバルな抗議運動に発展した。

グレタさんは８歳の時から、地球温暖化と気候変動について強い関心を持ち、両親も彼女に説得されて生活の仕方を変えた。両親は、娘の考えを尊重して飛行機による出張をやめ、自分たちの仕事が制約されることもあえて受け入れた（母親は、スウェーデンでは有名なオペラ歌手だったが、電車で行ける所以外の町では、オペラに出演することをあきらめた。つまり飛行機に乗らないと行けない米国やアジアなどでは、出演しないことにした。仕事が制限され収入が減ることになったが、娘の主張に同意したわけだ）。

またグレタさんの両親は、娘と同じように肉、乳製品など動物から作られた食品を摂らない完全菜食主義者、いわゆる「ヴィーガン」になった。養鶏や養豚など家畜の飼育には電力が使われる他、家畜が出すメタンガスは、CO_2 同様に温室効果ガス（ＧＨＧ）の一種だからである。

グレタさんは、国連や欧州議会、ダボスの世界経済フォーラムなどで演説した。歯に衣を着せない演説には、説得力があった。グレタさんの「将来孫ができた時に、孫から『なぜおばあちゃんは、あの時CO_2を減らすためにもっと努力してくれなかったの』と問い詰められたくない。我々の家（地球）はすでに燃えている。大人たちは、子どもから、地球を盗まないでほしい」という訴えは、多くの人々に、いま地球温暖化に歯止めをかけることの重要さを認識させた。２０１９年に米国のタイム誌から最年少で「パーソン・オブ・ザ・イヤー（その年に最も影響力があった人物）」に選ばれた。

ドイツでは、多くの若者たちがグレタさんの生き方に感化された。当時あるドイツの高校生は、「私のクラスの生徒のほぼ半数が、グレタさんに触発されて、ヴィーガンになりました」と語っていた。つまり多くのドイツ人が、グレタさんの生き方に強い共感を覚えた。

２０１９年にドイツで行われた欧州議会選挙では、環境保護政党・緑の党が得票率を前回の選挙に比べてほぼ2倍の20・5％に引き上げたが、これは多くの若者がグレタさんに影響されて投票所へ足を運び、緑の党に票を投じたからである。

ドイツでは２０１９年にグレタさんの気候ストライキが市民たちによって注目されて以来、ＵＢＡのウェブサイトを使って自分の生活からのCO_2を計算する人の数が爆発的に増えた。ドイツは、ＦＦＦへの市民の関心が欧州で最も高い国の一つである。当初は多くの子どもたちが金曜日の授業をボイコットし、大半の学校がデモに参加するための欠席を容認したほどだ。

ドイツでは、CO_2排出量を減らして地球温暖化に歯止めをかけようとする努力のことを、「気候保護（クリマシュッツ）」と呼ぶ。日本人には馴染みがない言葉だが、ドイツでは「環境保護」と同じくらい頻繁に使われている。つまり若者たちの「気候保護のための授業ボイコット」が、多くの市民たちにこの問題への関心を目覚めさせ、「自分の生活から出ているCO_2はどのくらいなのだろう？」と考えさせるようになったのだ。CO_2の排出量を減らすには、それを見えるようにすることが第一歩である。

◆300万人がこのツールでCO_2を計算

UBAによると、2008年以来約300万人の市民がこのツールを使って、自分の生活から排出されるCO_2の量を計算した。UBA以外にもバイエルン州環境省、バーデン・ヴュルテンベルク州環境省、ミュンヘン市役所、ヴォルムス市役所などの地方自治体や、世界自然保護基金（WWF）、「世界のためのパン」などのNGO、BPやエーオン、ユニパー、シュヴァルツヴァルト電力のようなエネルギー関連企業もネット上に、個人のCO_2

排出量を計算するためのツールを公開している。

気候変動、地球温暖化、CO_2に関するドイツのウェブサイトには、この計算ツールのリンクが必ずと言っていいほど埋め込まれている。UBAのツールは、ドイツ社会でそれほどメジャーな存在となっているのだ。

◆市民が生活からのCO_2排出量を〝見える化〟

この計算ツールは、生活から排出されるCO_2の量をどのように計算するのだろうか。UBAが2014年に公表した手引書「気候を守るライフスタイル」によると、市民の暮らしからのCO_2の排出源は図表3－1のように分類される。

この図表を見るとおわかりのように、食料品以外の消費、つまり家電製品や家具などのショッピングからの排出量の比率が、暖房、電力、モビリティよりも高いというのは、いささか意外である。これは、家電製品や家具を買いに行くための車などからCO_2が排出されることや、インターネットで商品を注文した後、自宅へ商品が配送される際に、車からCO_2が排出されるからだ。ここには家電製品や家具を製造する過程で排出されるCO_2や、不要になった家電製品や家具を捨てるために、廃品の回収場所へ運ぶ際に排出される

CO_2も含まれている。

実際、暮らしから排出されるCO_2の量は、その人のライフスタイルによって大きく異なる。外国旅行には行かず、暇な時には自転車でサイクリングばかりしている人と、休暇はハワイやメキシコで過ごすという人とでは、CO_2の量に大きな違いが出る。そこで、計算ツールには、自分のCO_2との関わりを示す様々なデータを入力する必要がある。

(図表3-1) 市民の暮らしからのCO_2の排出源と比率(平均値)

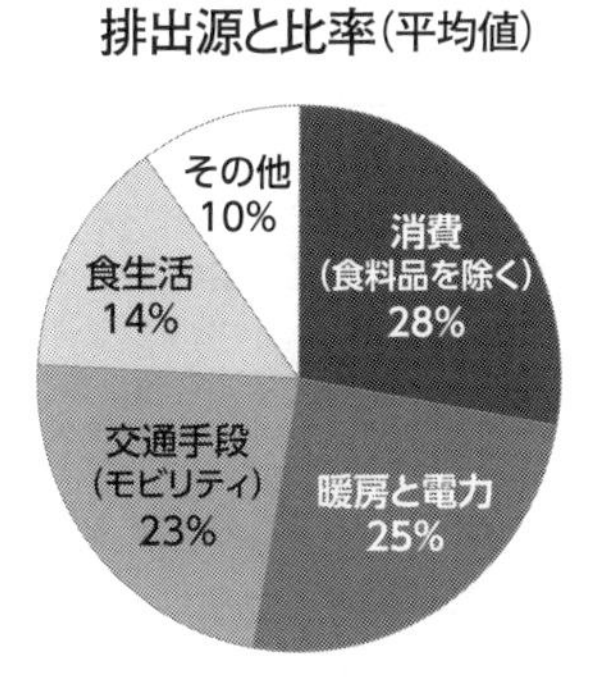

資料=UBA (2014年)

UBAが公表している計算ツールには、2種類ある。完全版ツール「私のCO_2バランスシート」にはかなり細かいデータを入力しなくてはならないので、計算結果を得るまでに少なくとも1時間はかかる。

これに対し、質問項目を減らした簡易型ツール「私のCO_2クイック・チェック」の記入は、10~20分で終わる。こちらは、多くのデータを記入する時間がないという人が、暮らしからのおよそのCO_2

食生活	1. プロフィール（性別、年齢、体重、仕事の内容、スポーツを行っているか否か） 2. ヴィーガンか菜食主義者か、肉中心の食生活か 3. 地元で採れた食べ物を食べているか、外国など遠隔地から輸入された食べ物を食べているか 4. 特定の季節に採れる野菜や果物を食べているか 5. 有機農業で作られた野菜や果物を食べているか
消費（食料品を除く）	1. 消費性向（買い物の頻度） 2. 商品選択の基準（長持ちするか否か、価格など） 3. 中古品を買うか否か 4. 毎月の消費金額 5. 植林など気候保護に貢献する投資を行っている場合は、その金額 6. CO_2 相殺のためのプロジェクトに寄付しているか否か

（図表3-3）簡易型ツール「私のCO_2クイック・チェック」

https://uba.CO2-rechner.de/de_DE/start

分野	質問
住まい	1. 住んでいる家族の人数 2. 居住面積 3. 建築年・エネルギーの観点から改修されているか否か 4. 暖房の種類（化石燃料か再エネか） 5. 電力の種類（標準のエネルギーミックスか、再エネ 100%か）
交通手段（モビリティ）	1. 車を持っているか否か 2. 公共交通機関を使うか否か 3. 欧州での、飛行機による旅の年間回数と時間 4. 欧州と他の大陸との間の、飛行機による旅の年間回数と時間
食生活	ヴィーガンか菜食主義者か、肉中心の食生活か、など
収入	税金・社会保険料を引いた後の月収

(図表3-2) 完全版ツール「私のCO_2バランスシート」
https://uba.CO2-rechner.de/de_DE/

分野	質問
住まい	1. 住んでいる家族の人数 2. 住居の種類（一戸建てか集合住宅か） 3. 建築年・エネルギーの観点から改修されているか否か 4. 分譲か賃貸か 5. 居住面積 6. 暖房の種類（化石燃料か再エネかなど） 7. 暖房のための燃料の年間消費量
電力	1. 標準のエネルギーミックスか、再エネ 100%か 2. 電力の年間消費量 3. 発電設備（太陽光、風力、水力、熱電併給）を持っているか 4. 発電設備を持っている場合、年間発電量 5. 発電設備を持っている場合の自家使用量
交通手段（モビリティ）	1. 車を持っているか否か 2. 車の種類（BEVか、PHVか、内燃機関の車か） 3. 車が登録されてから何年目か 4. 車の燃費 5. 車の年間走行距離 6. カーシェアリングによる年間移動距離 7. 自転車による年間移動距離 8. 公共交通機関による年間移動距離 9. 欧州での、飛行機による旅の年間回数と飛行時間（エコノミークラスかビジネスクラスか） 10. 欧州と他の大陸との間の、飛行機による旅の年間回数と飛行時間（エコノミークラスかビジネスクラスか） 11. 上記の空の旅からの CO_2 を、植林プログラムなどへの寄付によって相殺したか否か 12. 海での船の旅の日数、CO_2 を相殺したか否か 13. 川での船の旅の日数、CO_2 を相殺したか否か

排出量を知るために使うツールだ。

全てのデータを入力してから「結果を見る」というボタンを押すと、自分の1年間の暮らしから排出されるCO_2のおよその量が計算される。

CO_2排出量の推移を調べることも可能だ。市民は、この計算ツールが推定した自分の暮らしからのCO_2排出量を、ＵＢＡのサーバーに匿名で保存することもできるからだ。そのため、1年後などに再びデータを入力すれば、CO_2排出量がどのように変化したかを調べることもできる。

たとえば、ある人がＵＢＡの計算ツールがはじき出した、自分の暮らしから出るCO_2排出量が多いのにびっくりして、旅客機を使った旅行を1年間にわたってやめたとしよう。この人が1年後に計算ツールに再びデータを入力すれば、旅客機の利用を1年間やめたことによって、CO_2排出量の削減に貢献したことを「見える化」することができる。

ＵＢＡによると、２０２２年3月の時点では、ドイツの1人あたりのCO_2排出量の平均値は、10・78トン。つまりこのツールを使えば、自分の暮らしからのCO_2排出量がドイツの平均値に比べて多いか少ないかを簡単に知ることができる。ツールに入力するデータの概要は、図表3－2、図表3－3の通り（２０２２年3月時点）。

(図表3-4) 筆者の暮らしからのCO_2年間排出量とドイツ平均との比較

(2019年・UBA計算ツールによる推定値)

	筆者のCO_2年間排出量	ドイツ市民のCO_2年間排出量(2019年の平均値)	筆者の排出量の、ドイツ平均に対する割合
暖房	0.79トン	1.64トン	－51.8%
電力	0.6トン	0.76トン	－21.1%
モビリティ	9.37トン	2.18トン	+329.9%
食生活	1.44トン	1.74トン	－17.2%
消費生活	3.19トン	4.56トン	－30.0%
その他	0.73トン	0.73トン	0%
合計	**16.12トン**	**11.6トン＊**	**+39.0%**

＊2019年の平均値。現在は10.78トン。

◆筆者の暮らしから出るCO_2はドイツ人の1・4倍だった

私は２０１９年に完全版計算ツールを使って、私の暮らしから1年間に出るCO_2排出量を計算してみたところ、16・12トンという結果が出た。

ＵＢＡによると、当時ドイツ人の生活から1年あたりに排出されるCO_2は、平均11・6トンだった。つまり私の排出量は、ドイツ平均を約39％も上回ってしまった。ドイツに住む市民としては、落第である。

私の場合、暖房や電力、食生活、消費生活からのCO_2排出量はドイツの平均値よりも低かったのだが、交通（モビリティ）に関するCO_2排出量が、ドイツ平均よりもはるかに多くなってしまった。その理由は、仕事の関係で日独間を往復するなど飛行機に乗る頻度が高かったからだ。当時はコロナ・パンデミックが起きる前だったので、仕事のために飛行機に乗ることが多かった。

私の知り合いのドイツ人Sさんは、環境保護を重んじるドイツ人の典型だ。休暇の旅行では飛行機に乗らず、電車を利用する。自動車も持っておらず、ミュンヘン市内の職場には自転車で通勤する。肉も食べないベジタリアン。彼のCO_2排出量は、私の半分以下の6トンだった。この結果から、生活の仕方によってCO_2排出量に大きな違いが出ることがおわかりいただけるだろう。

もちろん、この計算ツールは他人を批判するために使うものではない。市民一人ひとりが自分の生活から出るCO_2について学び、生活の仕方の中に変えられる部分があれば、変えるためのきっかけとして使うべきだろう。

このように暮らしからの排出量を、他の人の排出量と比べると、自分の生活の仕方を具体的にどう変えればCO_2排出量を減らせるのかが、見えてくる。

たとえば、私の場合は、飛行機による出張の回数を減らせば、CO_2排出量を大幅に減らすことができる。私は2019年までは、前述のように日本に出張して講演を行うことが多かった。だが2020年と2021年にはコロナ・パンデミックのためにリアルの講演ができなくなり、全ての講演をリモートに切り替えた。これによって、2年間にわたって日本出張からのCO_2はゼロになった。

このようにして、CO_2排出量の「見える化」によって、自分の暮らしを変えるきっかけをクローズアップすることが、UBAの計算ツールの重要な点だ。

ちなみにUBAは「この計算ツールは、市民の暮らしからのCO_2排出量を小数点以下まで厳密に測定するものではない。むしろこのツールは、一人ひとりのCO_2の排出量のおよその傾向を推測しようとするものだ。その理由は、消費性向や食生活からどれくらいのCO_2が排出されるかを厳密に定量化することは難しいので、多くの推測が含まれているからだ」と説明している。つまりこの計算ツールがはじき出した自分のCO_2排出量を絶対視するのではなく、おおよその傾向、つまり全国平均に比べて多いか少ないかに注目するべきだというのだ。

それでは、UBAの計算ツールに記入するデータの内容から、生活の仕方をどのように変えればCO_2の排出量を減らすことができるかを調べてみよう。

この計算ツールはドイツ語だけではなく英語でも公表されているので、以下の説明を読みながら、PC上で一つひとつの項目に自分のデータを入力してみてほしい。英語版のリンクは、以下の通り。https://uba.co2-rechner.de/en_GB/

◆住宅の暖房効率とCO_2

アパートや家で使われる暖房からのCO_2は、重要なテーマだ。地球温暖化が進んだとはいえ、私が住んでいるミュンヘンは、東京に比べるとかなり寒い。ミュンヘンは南ドイツに位置するが、緯度は北緯48度8分で、札幌（北緯43度3分）よりもさらに北に位置している。しかもアルプス山脈に近く、海抜が約520メートルでベルリン（34メートル）やパリ（35メートル）よりもはるかに高い。だから冬の寒さが厳しいのだ。

つまりドイツのように冬の寒さが厳しい地域では、暖房を使わないわけにはいかない。CO_2排出量は、どのような建物に住み、どのような暖房を使うかによっても左右される。

UBAによると、住まいからのCO_2は、暖房だけではなく家や集合住宅を建設するための工事や、古くなった建物の改修工事（リフォーム）からも排出される。ドイツでは住まいの建設工事とリフォーム作業から毎年約4000万トンのCO_2が排出されている。計算ツールはこれらのCO_2も把握する。

まず家屋・住宅に住んでいる人の数や、住まいの面積を記入する。居住者の数を書くのは、CO_2排出量を人数で割ることによって、1人あたりのCO_2排出量を計算するからだ。面積が広い住宅ほど、暖房のために消費するエネルギー、排出されるCO_2の量が多くなる。アパートを賃借りしているか、所有しているかも記入する。

CO_2排出量は、一戸建ての家か、集合住宅（アパート）か、ローハウス（複数の家がつながった家）かで異なる。UBAによると、一戸建ての家はアパートやローハウスに比べて、外気に接する面積が大きいので、暖房に必要なエネルギーが多くなり、CO_2排出量も多いと見なされる。

◆屋内に氷柱ができた古アパート

暖房効率の重要さをご理解いただくために、私自身の苦い経験をお伝えしよう。クラシックな欧州のアパートには独特の趣（おもむき）があるが、我々アジア人にとっては冬の寒さが厳しすぎることがあるので、事前に周到に調べる必要がある。

ドイツでは第二次世界大戦よりも前に建てられた建物がリフォームされて、いまなお使われているのは珍しくない。19世紀に建てられた建物が、戦争中の爆撃による破壊を免れて、いまでもアパートやオフィスとして使われているのだ。

　こうしたクラシックな建物は、天井が高いので、広々とした雰囲気を持っている。天井や壁に浮き彫りなどの凝った装飾が残っていることもあり、「自分はいま欧州に住んでいるんだ」という感慨を与えてくれる。市民の間の人気も高い。いわば、日本の「古民家」や「町屋」のアパート版である。

　だが、ドイツのクラシック・アパートでは、21世紀に建てられた建物に比べて、しばしば窓や扉と壁の間に大きな隙間があり、気密性が悪い。冬の冷たい外気が住宅の中に入ってくるので、暖房効率が悪いのだ。

　私は1996年から11年間にわたり、ミュンヘン西部のノイハウゼンという地区で、日露戦争が終わった年（1905年）に建てられたアパートに住んだ。約100平方メートルのこのアパートでは、冬の寒さに苦しめられた。まず、窓の取り付けが悪く、寒気が隙間から忍び込んでくる。

　ガスを使った暖房装置は老朽化しており、なかなか点火することができず、イライラさせられた。暖房装置が窓際ではなく部屋の奥の方に取り付けられていたことも、大きな欠点だった。暖房装置を窓際に取り付ければ、外からの空気が暖められ、一種のカーテンの役割を果たす。だがこのアパートでは、暖房装置が部屋の奥にあったので、窓の隙間から冷たいままの空気が部屋に入ってきた。

天井の高さが約3メートルもあったので、暖かい空気が上の方にたまってしまい、部屋がなかなか暖まらない。しんしんと底冷えがするので、私は冬には屋内でも常にダウンジャケットを着て、靴下を2枚履いていた。特に寒い日には、電気ヒーターを机の横に置いて仕事をしたこともある。

なぜこのようなアパートを借りてしまったのかというと、アパートを見学したのが夏だったので、冬にどれくらい寒くなるかがわからなかったからだ。

ある時私は、屋内に氷柱（つらら）ができているのを見つけた。この古アパートには、台所から、ベランダに通じるドアがあった。ドアの全体にガラスがはめられている。アパートの中の水蒸気がドアのガラスに触れて水になり、滴（したた）り落ちた。その水滴がドアと敷居の間の隙間から入ってきた寒気で冷やされて、屋内に氷柱ができたのだ。いかにこのアパートの気密性が悪かったかが、おわかりいただけるだろう。このようなアパートでは、暖房効率がきわめて悪い上、部屋ごとにガスストーブを使っているためにCO_2排出量も多い。

このアパートは商店やレストラン、デパートなどが多い便利な地域にあり、約100平

（図表3-5）燃料別・CO_2排出量

暖房に使われる燃料・熱源	1kW時の熱を生む際に排出されるCO_2の量（キログラム）
電力	0.605
褐炭	0.481
石炭	0.374
灯油	0.302
ガス	0.24
遠距離暖房	0.13
再生可能エネルギー	0.014

資料＝UBA「インターネットを通じて市民のCO_2排出量を計算するツールのための研究報告書」（2007年6月発行）

方メートルと広いのに家賃が比較的安かった。割安の家賃の裏には、暖房効率の悪さもあったのだろう。その後私は2006年に建てられた、集中暖房方式のアパートに移った。

このアパートには、2007年以来すでに15年間住んでいる。ここでは全ての部屋が、床暖房によって暖められている。木やタイルの床の下の空洞に、温水を通すための細いチューブが張り巡らされている。

ミュンヘン市役所が所有する地域エネルギー供給会社（SWM）が水を天然ガスで暖めて、温水を地下に埋設した輸送管によって家庭に送る。「地域暖房」と呼ばれるこのシステムの方が、各家庭がガスを燃やすよりも効率が良い。床から暖かさが上がってくるので、足先が冷えず快適である。電気ヒーター、灯油やガスストーブによる補助的な暖房を行う必要がない。

◆「自分が使う電力は何から作られているか」を知る

電力は、日常生活や経済活動を支える血液だ。電力がなかったら、冷蔵庫、テレビからスマホやＰＣまで使えない。自宅で使う電力が何から作られているかは、CO_2排出量を左右する重要なテーマだ。

ドイツ連邦経済・気候保護省によると、２０２０年にドイツで排出されたCO_2など温室効果ガスのうち、エネルギー業界の発電所などの比率は30・２％と最も多くなっている。したがって電力を生むために排出されるCO_2の量を減らすことが重要なのだ。

CO_2計算ツールには、「褐炭、石炭、天然ガスなど化石燃料を使った火力発電所からの電力を使っているか、それとも再生可能エネルギー１００％の電力を買っているか」という情報を記入しなくてはならない。

ドイツの電力会社が作っている「エネルギー

(図表3-6)ドイツの温室効果ガスの部門別内訳(2020年)

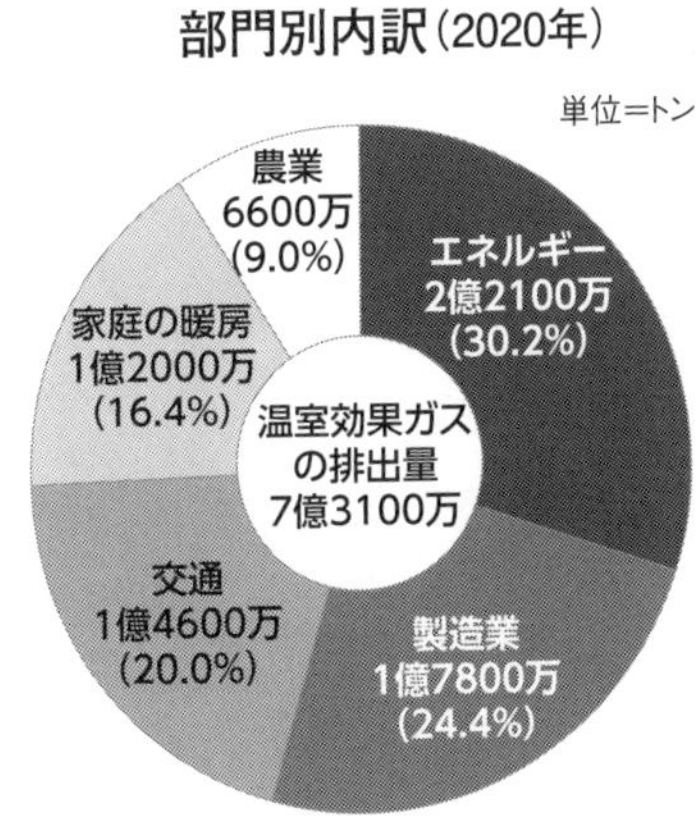

資料＝ドイツ連邦経済・気候保護省

収支作業部会（ＡＧＥＢ）」によると、２０２１年末のドイツの発電量のうち43％が、化石燃料を使う火力発電所で発電されていた。このため「再生可能エネルギーだけで作られた電力」を買わない限り、コンセントから出てくる電力には、化石燃料による電力が混ざっている可能性が強い。

ＵＢＡの計算ツールに私の年間電力消費量（約２６５０kWh）を入力する。選択肢は、「ドイツの標準的なエネルギーミックス」か、「エコ電力」だ。前者には、再生可能エネルギーだけではなく原子力や石炭、褐炭、天然ガスから作られた電力も混ざっており、後者は太陽光、水力、風力、バイオマスなど再生可能エネルギーだけで作られた電力だ。

私の家の電力は「ドイツの標準的なエネルギーミックス」なので、このタイプを選ぶと、1年間のCO_2排出量は0・46トン。これに対し「エコ電力」を選ぶと、わずか0・04トンつまり10分の1以下になった。

◆住民が共同でアパートに太陽光発電パネルを設置

日本では自宅の屋根に太陽光パネルを取り付けて、発電した電力を売る人が増えている。ドイツでも自宅の屋根に太陽光発電パネルを取り付けて電力を自分で使ったり、余った電力を送電事業者に売ったりする市民が増えている。市民が設置した太陽光発電装置の数は、２０２０年末の時点で約１３０万基にのぼる。そのような発電装置を取り付けている市民は、ＵＢＡの計算ツールに毎年の発電量と、そのうち自分で消費している電力量を記入する。

すると計算ツールには、再生可能エネルギーを使った自家発電を行うことにより、排出を避けられたCO_2の量が記録される。つまりCO_2の節約量である。また再生可能エネルギーによって作った電力を他者に販売することで、他の人が大気中に排出せずに済んだCO_2の量も記録される。つまり再生可能エネルギーを使って発電した電力を送電事業者に売る人は、「他人のCO_2の排出を防いだ」という点も評価されるのだ。

私の住んでいるアパートでも、住民たちが２０２３年から屋根に太陽光発電パネルを取り付ける計画を進めている。アパートの所有者たちは1戸あたり約１５００ユーロ（21万円）を投資して、パネルを取り付ける。アパートに住んでいる人々は、屋根の上で発電された電力を買うことができる。アパートの部屋の所有者だけではなく、テナントも太陽光による電力を買うことができる。そうすれば、自分の暮らしからのCO_2排出量を大幅に減らすことができる。

さらにアパートの所有者たちは余った電力を送電事業者に売って、収益を得ることもできる。つまり電力を売ることによって、自分の電力コストの負担を減らすことができるのだ。

以前ドイツでは分譲アパートの建物に変更を加えようとすると、所有者が全会一致で賛成しなくてはならなかった。このため太陽光発電パネル設置のようなプロジェクトがなかなか進まなかった。そこで連邦政府が法律を改正し、所有者の過半数が賛成すれば建物に変更を加えることができるようになった。

自由時間を利用し、ボランティアとしてこのプロジェクトを進めている住民の一人は、「太陽光パネルを使って発電し、その電力を使うようにすれば、CO_2排出量の削減に貢献できるだけではなく、ロシアからのガスや石炭などへの依存度も減らすことができる」と語っている。プロジェクトが実現すれば、このアパートの住民の計算ツール上のCO_2排出量は大幅に下がるだろう。

自分が使っている電気のエネルギー源は、何を見ればわかるのだろうか？　ドイツでは、比較的簡単だ。電力会社から年に1度送られてくる、電力料金の精算書を見れば良い。この国の電力会社は、精算書に電力が何をエネルギー源にして作られているか（いわゆるエネルギーミックス）を明記することが義務付けられている。

たとえば私が使っているイエローという電力販売会社では、２０２１年末の時点で、再生可能エネルギー74・２％、石炭11・３％、原子力10・５％、天然ガス２・３％などとなっている。私が１年間に消費する電力の量は約２６５０kWhで、２０２１年には９６５ユーロ（13万５１００円）の電気料金を支払った。

「私は原子力や石炭からの電力は買いたくない。再生可能エネルギーだけで作られている電力が欲しい」という人もいるだろう。そうした電力も、比較的簡単に見つけることができる。

価格比較ウェブサイト・ベリボックスに自分が住んでいる場所の郵便番号、家族の人数、毎年の消費電力量を記入し、「再生可能エネルギー１００％」という条件を選ぶと、一瞬のうちに36種類の料金メニューが表示さ

(図表3-7)ドイツの発電量の電源別内訳(2021年12月末)

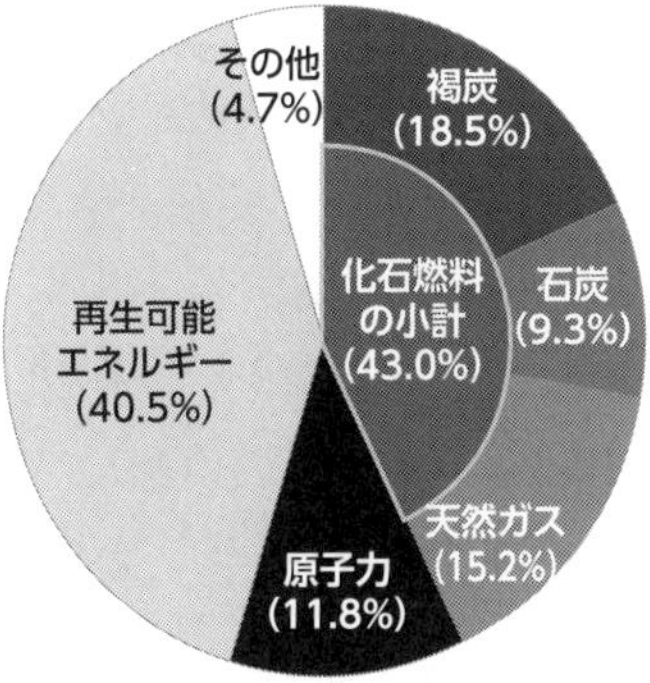

資料＝エネルギー収支作業部会(AGEB)

れる。

たとえばハンブルクにはリヒトブリックという再生可能エネルギーで発電された電力だけを売る会社がある。また、自動車メーカーのフォルクスワーゲンや石油会社シェルの子会社も、再生可能エネルギー100％の電力を売っている。バッテンフォール（スウェーデンの国営電力会社のドイツ子会社）やエーオンなど大手電力会社も再生可能エネルギー100％の電力を売っている。再生可能エネルギーの電力も料金メニューによっては、化石燃料や原子力からの電力が混ざった料金メニューと比べても、引けを取らない値段のものもある。つまり再生可能エネルギーによる電力も価格競争力が徐々に強まってきているのだ。

◆再生可能エネルギー100％の電気を選ぶ人が増えた

ドイツでは、2019年にグレタさんの地球温暖化をめぐる抗議デモが注目を集めて以来、市民の間で再生可能エネルギー100％の電力を買う人の比率が増えた。

ベリボックスの調査によると、2018年に電力料金メニューを変更した人のうち、再生可能エネルギー100％の電力を選んだ人の比率は32％だった。しかし2019年の上半期には、この比率が58％にはね上がっている。つまり地球温暖化問題についての社会の関心が高まったために、電力会社を切り替える時に再生可能エネルギー１００％の電力を選ぶ人の比率が増えたのである。

日本人の中には、「どうして再生可能エネルギー１００％とわかるのか」という疑問を抱く人もいる。コンセントから出てくる電力が、どの電源によるものかを物理的に調べることは不可能だ。「電力が再生可能エネルギーだけで作られている」というのは、電力を売る会社との契約内容である。そこで、契約内容が正しいかどうかを、第三者機関が認証するようになっている。

たとえばドイツには、自動車が安全基準を満たしているかを定期的に検査する制度、いわゆる車検を行う「技術監視協会（TÜV＝テュフ）」という民間企業がある。テュフは、自動車だけでなくエレベーター、発電所のタービンまで、あらゆる機械の安全性を認証する。車検を行う機関なので、テュフの名前を知らないドイツ人はめったにいない。それほど国民から深く信頼されている。

先のリヒトブリックは、テュフから「１００％水力発電で作られた電力を販売している」という認証を得ている。またリヒトブリックは、製品やサービスの持続可能性を審査する雑誌「エコ・テスト」からも、電力の持続可能性チェックで「良好」という評価を受けた。つまりこれらの電力会社は、第三者機関のお墨付きを得て、「我が社の電力には再生可能エネルギーしか使われていない」と説明しているわけだ。

ドイツ連邦議会は、照明などのための電力をリヒトブリックから買っている。議会は再生可能エネルギー100％の電力を使うことで、市民に対する模範を示しているわけだが、連邦議会が安心してこの会社の電力を使うのも、第三者による認証制度があるからだ。

UBAも計算ツールを使う市民に対し、再生可能エネルギー100％の電力かどうかを、第三者機関による認証によって判断するように呼びかけている。

◆自動車などの移動手段とCO_2

次の質問項目は、モビリティ（移動手段）に関わるものだ。このコーナーの質問は、次の4段階に分かれている。

（1）自動車

（2）モビリティ（移動手段）

（3）飛行機による旅行
（4）船による旅行

まず自動車など、所有している車両の種類を記入する。市民は、次の選択肢から選ぶことができる。

▽内燃機関による小型車
▽内燃機関による中型車
▽内燃機関による大型車
▽プラグイン・ハイブリッド車（ＰＨＶ）
▽電気自動車（ＢＥＶ）＝バッテリーだけで走る車
▽オートバイ
▽内燃機関によるスクーター
▽電気によるＥスクーター

内燃機関とは、ガソリン、ディーゼル（軽油）、またはガスなどの化石燃料を燃やして動力に変えるエンジンを積んだ車のこと。燃料電池車や水素を使った車が含まれていないが、ドイツではほとんど普及していないためだろう。内燃機関の車の場合、燃料の種類（ディーゼルエンジン用軽油、ガソリン、ガス）と燃費も記入する。

ＰＨＶかＢＥＶを持っている人は、購入してから何年経っているか、１００キロメートルを走る際にかかる電力量（kWh）、自宅で充電する電力が再生可能エネルギー１００％か、化石燃料が混ざった電力かも記入する。車を２台以上持っている人は、それぞれの車について情報を記入する。

◆自転車による通勤やバカンスが大流行

さらに、自分の車、他人と車をシェアするカーシェアリング、自転車、公共交通機関（バス、市電、地下鉄など）を使った毎年の移動距離もそれぞれ記入を求められる。

最も気候保護に貢献するのは、自転車だ。毎日自転車でオフィスへ通っている人のCO_2排出量はゼロになる。ドイツでは自転車の人気は非常に高い。日本とは違って、大半の道路で車道と自転車道がはっきり分けられている上、田園で自然を満喫できるサイクリングコースが多いからだ。ドイツに来て間もない日本人は、自転車道を歩道と勘違いして歩き、サイクリストに「ここは歩道じゃない。どけ！」と怒られることがある。

最近では自転車専用道路と指定されている道路があり、「ただし自動車も通行可能」と表示されている。そうした道路では、自転車の通行が優先なのだ。

ドイツ連邦交通省などによると、２００５年には自転車の普及数は６７００万台だったが、２０２１年には約21％増えて、８１００万台になった。ドイツ市民１人につき約１台の割合で普及していることになる。日本では２０１９年の時点で約2人に1台だったので、ドイツでいかに自転車が普及しているかがわかるだろう。特に２０２０年にコロナ・パンデミックが勃発してからは、感染の危険を減らすために公共交通機関を使わずに、自転車で通勤する人が増えた。２０２０年の春から夏にかけては、自転車を買おうとする人が急増し、一時生産が間に合わなくなったほどだ。

私は毎朝5時に起きて原稿を書くのだが、窓を開けて近くの道を見ると、まだ太陽が昇る前の真っ暗な時間帯なのに、自転車のライトが沢山見える。職場へ向かうサイクリストたちだ。ドイツ人の間には、朝7時に職場で仕事を始めて、早めに家に帰る人が多い。したがって、午前5時過ぎに自転車をこいでいる人が沢山いるのだ。

また、車や飛行機に乗らずに、1週間～10日間かけてミュンヘンから約411キロメートル離れたイタリア北部のヴェローナや、約444キロメートル離れたオーストリアのウィーンまで自転車で旅行する人たちもいる。自転車でアルプス山脈を越えたり、ドナウ川沿いを走ったりするルートには、サイクリングルートやサイクリスト用の道標、休憩施設が整備されている。

概して、ドイツ人の間には1ヶ所に長期間滞在して自然を満喫する、「滞在型バカンス」を好む人が多い。彼らは、1週間で欧州の7都市を駆け抜けるようなパック旅行は敬遠する。コロナ・パンデミックが起きる前には、多くの日本人がこのようなパック旅行に参加していた。これに対し、私の知り合いのドイツ人医師は、家族4人で毎年スウェーデンの湖畔にある家を借りて、大自然の中で3週間過ごす。

これはドイツ人の典型的な休暇の過ごし方である。登山、サイクリング、湖での水泳、魚釣り、森の散歩など、自然に触れる活動によって心身をリフレッシュさせようとする人が多い。こういう時間の過ごし方は、自然環境への愛情を育む。

◆大きなCO_2発生源＝空の旅

もう一つ重要なのが、空の旅だ。ＵＢＡの計算ツールへの記入の仕方には、「1年間の空の旅をまとめて記入する方法」と「1年間に行った空の旅を一つひとつ記入する方法」の２通りがある。

旅客機の利用をまとめて記入する場合には、欧州域内で1年間に何時間飛行機に乗ったか、欧州からアジアや米国など他の大陸へ行くために、1年間に何時間飛行機に乗ったか、買った航空券はエコノミークラス、ビジネスクラスまたはファーストクラスかを記入する。

個別に記入する場合には、空の旅1回ごとに、乗機地、降機地、乗換地、旅客機の型式を入力しなくてはならない。

ＵＢＡは、「エコノミークラスの座席を選ぶか、ビジネスクラスまたはファーストクラスにするかは、CO_2の排出量に大きな影響を与える」と説明する。たとえば欧州から別の大陸へ行くために、エコノミークラスの座席に座って10時間旅客機に乗った場合のCO_2排出量は1・59トンだが、ビジネスクラスだと2・23トンになる。約40％の増加だ。

「エコノミークラスとビジネスクラス、ファーストクラスに乗る客の間で、なぜCO_2排出量が異なるのか」と思う人もいるだろう。その理由はサービスの違いだ。エコノミークラスの機内食は、たいてい長方形の食器に入れたラザニアや、肉、温野菜などをアルミで覆って温めたものだ。主菜、サラダ、パン、デザート、コップなどが一つのトレーに載せられている。

これに対しビジネスクラスやファーストクラスでは、レストランのコース料理のように、前菜、主菜、デザートなどが別々に出てくる。前菜や主菜は、エコノミークラスのようなトレーではなく、レストランのように皿に盛りつけられて出てくる。ある航空会社のファーストクラスでは、スープ皿に入れたスープが出てくる。デザートやワインの種類も、エコノミークラスよりも多い。

つまりビジネスクラスやファーストクラスの客を機内でもてなすためには、エコノミークラスよりも多くの食器や食材、飲み物を旅客機に積み込まなくてはならないので、重量が増える。

◆空の旅のCO_2排出量を寄付によって相殺

ある大手ドイツ企業の管理職は、「私は個人の旅行のためには列車だけを使い、車や飛行機には乗らない」と語っていた。遊びのための旅行から出るCO_2の量を減らすためだ。

しかし、全ての人がこの管理職のように、車や飛行機の利用をきっぱりやめるわけにはいかない。CO_2の排出はできるだけ抑えたいけれど、バカンスや出張などで飛行機を利用したい人、利用せざるを得ない人もいる。どうしたらいいのか？

その際は、ドイツ人らしい合理精神を感じさせるシステムがある。個人によるCO_2の排出権取引のような方法だ。

「飛行機に乗ると、旅客機から大量のCO_2が排出されるので、なんとなく後ろめたい」と感じる人のために、CO_2を相殺するサービスがあるのだ。

ドイツ中部・ヘッセン州のカッセルにある「デア・パート・ヴィムケ・ライゼヴェルト」という旅行会社のウェブサイトでは、顧客は自分が乗る旅客機から排出されるCO_2排出量を計算することができる。たとえば同社のウェブサイトによると、エコノミークラスでミュンヘン・東京間を往復すると、乗客1人あたり3・1トンのCO_2が排出される。同社は、「発展途上国でのCO_2削減プロジェクトに寄付金を払うことによって、この旅行で排出されるCO_2を相殺できる」というオプションを提供している。ミュンヘン・東京間の空の旅から出るCO_2を相殺すると、航空券の価格に68ユーロ（9520円）の環境プロジェクト支援金が上乗せされる。

また航空会社も、客がフライトを予約する時に、環境プロジェクトのための寄付金を払えばCO_2を相殺できるオプションを提供している。たとえばドイツのルフトハンザは、2019年8月にコンペンスエイド（Compensaid）というCO_2相殺プラットフォームを始動させた。

航空券を買う客は、CO_2を相殺するためのプロジェクトとして、熱帯雨林での植林などの気候保護プロジェクトか、代替航空燃料（SAF）製造プロジェクトへの投資のどちらかを選ぶことができる。SAFとは、使用済みの食用油や残飯などから作られる一種のバイオ燃料で、現在航空機燃料として使われているケロシンに比べて、CO_2排出量が約80％少ない。ただしSAFの価格は、ケロシンの約4倍である。

植林によるCO_2相殺には10年間かかるが、SAFへの投資はすぐに効力を発揮する。したがって、後者は割高になる。

◆地産地消と旬の食べ物がCO_2排出量を減らす

次は食品だ。UBAの計算ツールには、「あなたが住んでいる場所の近くで採れた食品だけを食べていますか、それとも遠い場所から運ばれる食品も食べていますか」という質問がある。

ドイツの八百屋さんの店先には、欧州で採れた野菜や果物だけではなく、南米のアルゼンチンや、中東のイスラエルで栽培されたミカンやグレープフルーツなども並んでいる。経済がグローバル化された時代ならではの多彩さである。だが経済のグローバル化は、CO_2排出量を増やす。南米や中東から果物をドイツに空輸すると、飛行機から排出されるCO_2の量が増えてしまう。これに対し地元で採れた果物だけを食べていれば、CO_2の排出量はアルゼンチンやイスラエルから運ばれる果物に比べて少なくなる。つまり日本でも注目されている「地産地消」の方が、CO_2削減には役立つのだ。

ドイツの町では春から秋にかけて、歩道で野菜や果物を売る露店が開かれる。こうした店では、商品がスーパーマーケットなどよりも新鮮なので、市民に人気がある。「地元で採れた野菜や果物を売っています」という点を看板などに大きく書いて強調している露店もある。客の中には、「環境への負荷が少ない地元の野菜や果物を買いたい」と思っている人が多いからだ。

またUBAの計算ツールには、「その季節に採れる野菜や果物だけを食べますか（または季節外れの野菜や果物を食べますか）」という質問もある。たとえばドイツで白アスパラガスが採れるのは、4月下旬～6月下旬である。この時期には、露店の店先に、白アスパラガスが積み上げられる。皮をむいて茹でたアスパラガスに、マヨネーズに似たホランデーズ・ソースをかけて食べると、とても美味しい。ドイツの春の訪れを告げる野菜だ。

4月下旬～6月下旬つまり旬の時期に白アスパラガスを食べれば、大都市近郊の産地で採れた物が多いので、消費地への輸送のために必要なエネルギーはそれほど多くない。しかし4月下旬～6月下旬以外の時期に白アスパラガスを食べようとすると、ギリシャなど遠隔地から空輸しなくてはならない。そのために燃料が消費され、CO_2の排出量が増えてしまう。

このことは他の農産物にもあてはまる。イチゴは、ドイツで最も美味しい果物の一つだ。この国でのイチゴの旬は5月～7月である。ドイツの一部のスーパーマーケットでは、真冬にもイチゴが売られている。だが寒さの厳しいドイツでは冬にイチゴは採れないので、スーパーマーケットに並んでいるのは、遠く離れた国から輸送されてきたイチゴである。真冬のイチゴの裏には、遠距離輸送による多量のCO_2排出が隠れているのだ。

つまり地元で旬の時期に収穫される野菜や果物だけを食べる人は、わざわざ真冬にイチゴなどを食べる人に比べて、暮らしから排出されるCO_2の量が少なくなる。

UBAの計算ツールによると、ヴィーガンの60歳以上の男性が、地元で採れる旬の農産物だけを食べるとすると、CO_2排出量は0・77トンだが、この人が遠い場所から輸送された、季節外れの果物や野菜をしばしば食べるとすると、CO_2排出量は21%増えて0・93トンになる。

◆衝動買いが多い人は、CO_2を多く出している

ＵＢＡの計算ツールの最後の質問項目は、食料品以外の消費の仕方だ。前述のように、市民の暮らしから排出されるCO_2のうち、消費から排出されるCO_2の比率は28%と最も多い。

つまり、ショッピング好きか否かも、CO_2排出量に大きな影響を与える。このコーナーでは、家電製品、家具、洋服、カメラ、携帯電話などの買い方（消費性向）がどれに当てはまるかを選択する他、毎月食料品以外のショッピングのために支出する金額も記入する。

ＵＢＡによると、あらゆる商品の製造、運搬、販売活動はCO_2の排出を伴う。買い物に行く際にも、自転車か徒歩でない限り、交通手段からCO_2が排出される（地下鉄や市電ならば電力を発電するためにCO_2が排出される）。アマゾンなどで商品を買っても、自

（図表3-8）食品以外の消費についての選択肢

	選択肢
消費の仕方	▶あまり買い物はしない ▶普通 ▶頻繁に買い物をする
商品を選ぶ基準	▶買った物が長持ちするかどうか ▶機能性 ▶値段
中古品	▶よく買う ▶時々買う ▶絶対に買わない

宅に配達する車からCO_2が排出される。したがって買い物をあまりしない人よりも、頻繁にショッピングを行う人の方がCO_2排出量が多いと見なされる。

また、UBAの計算ツールは、「割安ですぐに壊れる商品よりも、長持ちする商品の方が、CO_2排出量は少ない」と想定する。ドイツでは以前からセカンド・ハンド（中古品）ショップや、市民が不要品を持ち寄って売り買いする「蚤の市」の人気が日本よりも高かった。中古品を買う場合は、商品の（合計）使用年数が長くなるために、新品を買う場合よりもCO_2の排出量が少ないと見なされる。商品の使用期間が長くなれば、新しい商品の輸送などの頻度が減るからだ。

新製品を買うのが好きで中古品は絶対買わない

（図表3-9）消費行動別のCO_2排出量

	消費行動・性格	毎月の消費額（食費を除く）	年間のCO_2消費量
頻繁に買い物をする人	▶新製品が出るとすぐに買う ▶製品の寿命は気にしない ▶中古品は絶対に買わない	400ユーロ（5万6000円）	2.99トン
めったにショッピングをしない人	▶節約家 ▶長持ちする製品を選ぶ ▶時々中古品も買う	200ユーロ（2万8000円）	1.16トン

市民と、節約家のCO_2排出量を計算ツールで比べてみた。その結果、買い物好きの市民のCO_2排出量は、そうでない人のCO_2排出量の約２・６倍になった。

◆自分のCO_2削減スケジュールを作ろう

このようにしてCO_2排出量を計算したら、市民は自分のデータをＵＢＡのサーバーに保管（蓄積）することができる。もちろんＥＵには厳しい個人情報保護法があるので、個人を特定できるようなデータは保存されない。

市民は何年かたってから再びデータを入力して、自分のCO_2排出量がどのように変わったかを知ることができる。

たとえば、19世紀に建てられた建物から、断熱効果と気密性が高いと認められたパッシブハウスに引っ越したり、会社に車で行くのをやめて自転車による通勤に切り替えたり、ガソリンエンジンの車をＢＥＶに買い替えたり、電力会社を再生可能エネルギー１００％の会社に変えたり、自宅の屋根に太陽光パネルを取り付けて自家発電を始めたり、アジアや米国など他の大陸に飛行機で行くバカンスをやめたりすれば、CO_2排出量は大きく減る。

さらに市民はこの計算ツールを使って、現在のCO_2排出量を、これから先どのように減らしていくかというスケジュールを立てることもできる。「私のCO_2シナリオ」というページでは、短期的（5年後）、中期的（10〜15年後）、長期的（２０５０年）に、住まい、移動手段、食生活、消費性向などをどう変えていくかを記入する。つまりCO_2削減のための計画表を作るのだ。

また市民は「ＵＢＡが私のデータを使って、市民のCO_2排出量についてのデータ分析を行うことに同意する」というボタンを押して、ＵＢＡの研究に資することもできる。もちろんＵＢＡの研究では、データは匿名化されている。そうすればＵＢＡは将来、市民のCO_2削減努力についての調査結果を公表し、それにもとづいて市民に生活の中でCO_2排出量を減らすためのアドバイスを行うことができる。自分のデータを公共の利益のために役立てることができるわけだ。

◆計算ツールがCO_2の足跡を見せてくれた

皆さんも、ぜひ実際にUBAの計算ツールを使って自分の暮らしから出るCO_2の概算量を測ってみてほしい。きっと意外な発見があるはずだ。

私が学んだことは、「CO_2は人間の生活のあらゆる局面で排出される」ということだ。CO_2の源は、自動車や飛行機のエンジンだけではないのだ。我々は、毎日なにげなく食べ物や商品を買っている。製品が作られたり、輸送されたりする過程でもCO_2が発生する。PCでアマゾンのページへ行き、商品を注文するだけでも、宅配用の自動車からCO_2が排出される。

ガソリンエンジンの自動車や飛行機に乗ればCO_2が排出されることは容易に想像できる。だがペットを自宅で飼うだけでCO_2が排出されること、肉料理中心の食事をしているとヴィーガンの人よりもCO_2排出量が増えるということには、これまで思いが至らなかった。

私は、計算ツールに取り組むことで、飛行機に乗ると、ジェットエンジンから出るCO_2

だけではなく、機内食の調理やそのための食材の輸送からもCO_2が排出されるということにあらためて気づかされた。つまり我々が利用する製品やサービスの背後には、目に見えないCO_2排出の足跡（カーボンフットプリント）が隠されている。この足跡を見えるようにしたことが、UBA計算ツールの最大の功績である。

さらに、カーボンフットプリントを見えるようにするための作業に、とても手間がかかることもわかった。個人のCO_2を可視化するだけでもこれだけの時間がかかるのだから、企業そして社会全体からのカーボンフットプリントを「見える化」するにはさらに膨大な時間とエネルギーがかかるに違いない。

UBA計算ツールの利点は、「こうすればCO_2を減らせる」というやり方を実践的に学べることだ。CO_2の削減についての理屈を本などで勉強するだけでは、どこから手を付ければいいかがわからないし、なかなか実際にCO_2を減らしてみようという気にならない。しかしUBA計算ツールに自分の生活スタイルを入力すると、自分の生活から排出されるCO_2を「見える化」することができ、CO_2削減が「自分の生活に直結したものなのだ」ということを理解することができる。つまりCO_2を減らすために行動するモチベーション（動機）が生まれる。

自分の生活からのCO_2の計算結果をじっくり眺めれば、「こんな簡単なことで、CO_2排出量を減らせるんだ」という発見があるだろう。たとえば食事を野菜中心にしたり、休暇を電車や自転車で行ける場所で過ごしたりする。衝動買いのような不要なショッピングや、商品の買いだめはやめる。

ドイツのある大手グローバル企業の社長は、毎朝自宅から自転車でオフィスに通勤していた。日本の大企業の社長ならば、毎朝自宅に黒塗りの社用車が迎えに来て、オフィスへ向かうのが当たり前だろう。だがこのドイツ人社長は、自転車通勤の方が身体のために良いだけではなく、CO_2排出量を減らすことも知っていた。つまり気候を守るためのライフスタイルを実践していたのである。

◆ドイツ人5人のライフスタイルとCO_2排出量

さてUBAは、2014年に公表した計算ツールについての手引書の中に、5人の市民を登場させ、彼らのライフスタイルがCO_2排出量にどのような影響を与えているかを具体的に説明している。

現在のドイツ社会の現実や、彼らのメンタリティをよく象徴しているのでご紹介したい。

(1) カタリーナ・Cさん＝徹底したCO_2削減派

「私は環境保護については、一切妥協しません」と語るカタリーナさんは、気候変動に歯止めをかけるために、あえて質素な生活をしている。その暮らし方は、「筋金入りの環境保護派」という印象を与える。

自動車は持たず、バカンスは近い場所にしか行かない。飛行機を使う外国旅行には絶対に行かない。「多額の収入は余分な消費につながり、CO_2を増やす」と考えるカタリーナさんは、あえてパートタイムの仕事をして、家族と過ごす時間を大事にしている。「お金を多く稼ぐよりも、自分の時間を大切にしたい」と語る。

職場に近い、手狭なアパートに住んでおり、電力は再生可能エネルギー100％の電力会社から買っている。家電製品を買う時には、電力消費量が少ない商品を選び、日頃から節電に努める。真冬でも、暖房用のガス消費量を抑えるために、室内の温度をあまり高くしない。

ドイツではガス会社が前年の消費量に基づいて次の年の消費量を推定し、毎月の前払い暖房料金を銀行口座から引き落とす。実際の消費量が予想を上回った場合には市民はガス料金の差額を追徴され、予想よりも少なかった場合には、お金が戻ってくる。カタリーナさんの家では暖房も節約しているので、毎年精算時には払い過ぎた分が返ってくる。

カタリーナさんはベジタリアン（菜食主義者）で、料理する時には肉を使わない。買う野菜や果物は、有機農法で作られた地元の農作物だけだ。ドイツでは１９７８年以来、連邦政府が「環境への悪影響が少ない」と認定した商品に「青い天使」というマークを付けることが許されている。このマークは、テレビや冷蔵庫などの家電製品から、封筒に至るまであらゆる製品に付けられている。カタリーナさんは、買い物の際には、「青い天使」が付いている「エコ商品」だけを買う。

彼女の唯一の贅沢は、クリスマスに２００ユーロ（2万８０００円）のCO_2排出権証書を買って、ドイツの製造業界が排出するCO_2を約12トン減らすのに貢献することだ。

カタリーナさんの暮らしから1年に排出されるCO_2の量はわずか５・23トンで、２０１４年のドイツの平均値（11・０トン）の半分に満たない。つまり彼女は、元々つましい暮らし方によって生活から排出されるCO_2を低く抑えるだけではなく、CO_2排出権証書を買うことによって、自分が出しているCO_2の排出量を大きく上回るCO_2を削減しているのだ。

カタリーナさんは、UBAが紹介している5人の中で最もCO_2排出量が少ない「優等生」だ。

ドイツには「Weniger ist mehr（所有物や消費を少なくする方が、結局は豊かになる）」という諺があるが、カタリーナさんはその精神を実践している。たとえばアパートが狭い場合、家具などを減らした方が、ゆったりとした雰囲気を味わえる。沢山の物で溢れ返っているアパートよりも、気持ちが良い。日本の「清貧の思想」という言葉とも共通する考え方だ。

ドイツでは、このように質素な暮らしをしている人、自分の生活が環境に与える悪影響を最小限にしようと努力している人にしばしば出会う。こういう人と話すと、環境への悪影響が少ない暮らしをしていることについて、彼らが一種の誇りを抱いていることを感じる。つまり、環境を守ることが生活哲学として、彼らの心と身体に浸透しているのだ。

（2）ペーターー・Bさん＝パッシブハウスの威力

ペーターーさんはドイツのビジネスパーソンや役人によく見られる、几帳面な性格の持ち主だ。オフィスや自宅の机の上はいつも整理整頓され、鉛筆は、いつもきちんと削られていないと気が済まない。毎日の収入と支出を、エクセルシートに記入して厳密に管理する。その結果ペーターさんが選んだのは、断熱効果と気密性が高いパッシブハウスだ。外見は周りの家と変わらないが、ペーターさんの家では、ストーブなどの追加的な暖房は全くいらない。さらに彼は屋根に太陽光による温水器を取り付け、シャワーなどに使っている。

彼は大都市ではなく郊外に住んでいるので、自動車で会社に通勤する。車はディーゼルエンジンを積んでいるが、100キロメートル走るのに必要な燃料が3・5リッターという、燃費が良い車を選んだ。「お金がかかり過ぎるので、飛行機に乗ってアジアや米国に行くようなバカンス旅行は、やりません。ドイツでも美しい場所は沢山あるのですから、わざわざ遠くへ行く必要はありません」と語る。

ペーターさんは、グリーン投資などによるCO_2排出量の相殺は行っていない。「CO_2の削減は自分でやるもの」というのが、彼の持論だ。

ペーターさんのCO_2年間排出量は6・39トンで、ドイツ平均よりも約42%少ない。特に暖房のために排出されるCO_2の量は、パッシブハウスのおかげで、ドイツ平均の約10分の1。UBAはペーターさんの暮らし方に「模範的」という評価を与えた。

（3）ザビーネ・Tさん＝環境保護は大事だが生活の質は下げない

ザビーネさんは大都市のアパートにガールフレンドと一緒に住んでいる。ザビーネさんは英語でロハス（Lifestyles of Health and Sustainability ＝健康と持続可能性を重視する）と呼ばれるライフスタイルを実践している。自分の身体と環境にとって良いことをするのが好きだ。

広さ120平方メートルのアパートは気密性が良いので、暖房費用はあまりかからない。電力は、再生可能エネルギー100％だ。「環境保護は重要ですが、生活の質を下げるのはいやです」と言うザビーネさんは、CO_2を減らすために支出を切り詰めたり、娯楽を減らしたりすることには反対だという。料理が好きなザビーネさんは、有機農法で栽培された野菜や果物には、出費を惜しまない。割高だが、「ビオ」の農作物は健康や環境のためになると考えている。

以前は車を持っていたが、駐車スペースを見つけるのが面倒なので売り払い、カーシェアリング・サービスを使っている。カーシェアリングならば、必要な時だけ車を使うので費用がそれほどかからないし、どこにでも乗り捨てることができるので、気が楽だ。スマートフォンで、自分がいる場所の近くにカーシェアリングの車があるかどうかが、すぐにわかる。ドイツには、地方自治体がカーシェアリングの車については路上駐車料金を無料にしている町もある。冷蔵庫や洗濯機を買う時には、電力消費量が少ない製品を選ぶ。ザビーネさんによると、電力消費量が少ない製品を買うと、そうでない製品に比べて、電気代が目に見えるほど安くなるという。

またザビーネさんはいくつかの環境保護団体にも属しており、定期的に寄付を行っている。ただしＵＢＡによると、環境保護団体への寄付が、ザビーネさんの暮らしから出るCO_2をどれくらい減らすかは、数値化できない。つまり環境保護団体にお金を払っても、自分のCO_2排出量の相殺量としてはカウントされないのだ。

それでもザビーネさんの1年間の暮らしから出るCO_2排出量は7・89トンで、ドイツ平均よりも約28%少なく、ＵＢＡは「合格」と判定した。

（4）ジビレ・Bさん＝海外旅行によるCO_2をグリーン投資で相殺

クリエーター業界で働くジビレさんは、いわゆるジェット・セットと呼ばれる階層に属する。ジェット・セットとは、ビジネスパーソンや富裕層に多い、飛行機で頻繁に世界を飛び回る人のことだ。ドイツ人には珍しく、ファッションに気を使う。オフィスで毎日同じ作業をするのは大嫌い。頻繁に外国へ出張するだけでなく、バカンスには旅客機で遠い国へ出かけることを生きがいにしている。自動車は持っておらず、国内出張には主に列車を使う。ジビレさんは、「列車は私の自宅の一部のようなものです」と言う。このため彼女は、ドイツ鉄道会社のバーンカード100という定期券を持っている。この定期券では、4144ユーロ（58万円）を払えば、1年間にわたりドイツ国内での長距離列車（2等車）や全ての町の公共交通機関に乗り放題になる。何キロ乗っても同じ金額であり、座席の予約も無料でできる（普通は予約料金を取られる）。一見高い金額に思えるが、ミュンヘンとデュッセルドルフの間を列車で往復すると133ユーロ（1万8620円）かかるから、列車に頻繁に乗る人にとっては、バーンカード100は得になる。

飛行機で外国へ行くのが好きなジビレさんのモビリティからの CO_2 排出量は、ドイツの平均値の約3倍。このためジビレさんの CO_2 の総量は15・12トンと、ドイツ平均の約1・4倍となっている。

そこでジビレさんは、環境保護に貢献する投資を行うエコバンク（環境銀行）を通じて5万ユーロ（700万円）をグリーン投資に回している。このうち3万ユーロは、陸上風力発電設備を建設するためのプロジェクトに、2万ユーロは「持続可能性ファンド」に使われる。こうした事業が収益を生めば、ジビレさんにはささやかな利息も入る。これらの投資によってジビレさんは、毎年32トンのCO_2の排出を防いでいる。これは彼女の暮らしから排出されるCO_2の量の約2倍だ。

（5）リヌス・L＝1年の大半は旅行か出張

リヌスさんは大手企業の管理職。仕事のための飛行機と列車による出張の他、バカンスのために1年間の車の走行距離は1万5000キロメートルに及ぶ。広さ80平方メートルの自宅にいることはほとんどない。

リヌスさんの1年間のCO_2排出量は18・27トンで、ドイツ平均よりも約66％多い。UBAが挙げた5人の中で最多だ。UBAは、「彼のCO_2排出量は、不合格」と判定する。リヌスさんもそれはわかっているが、「私はそういうことに時間をかけている余裕がないのです」と語る。

そこでリヌスさんは、お金でCO_2を相殺することにした。彼は毎年420ユーロ（5万8800円）をCO_2相殺のためのサービス会社に支払って、スイスのゴールド・スタンダード財団が認証した環境プロジェクトに投資させている。この財団が認証したプロ

（図表3-10）ライフスタイルでこんなに差が出る！

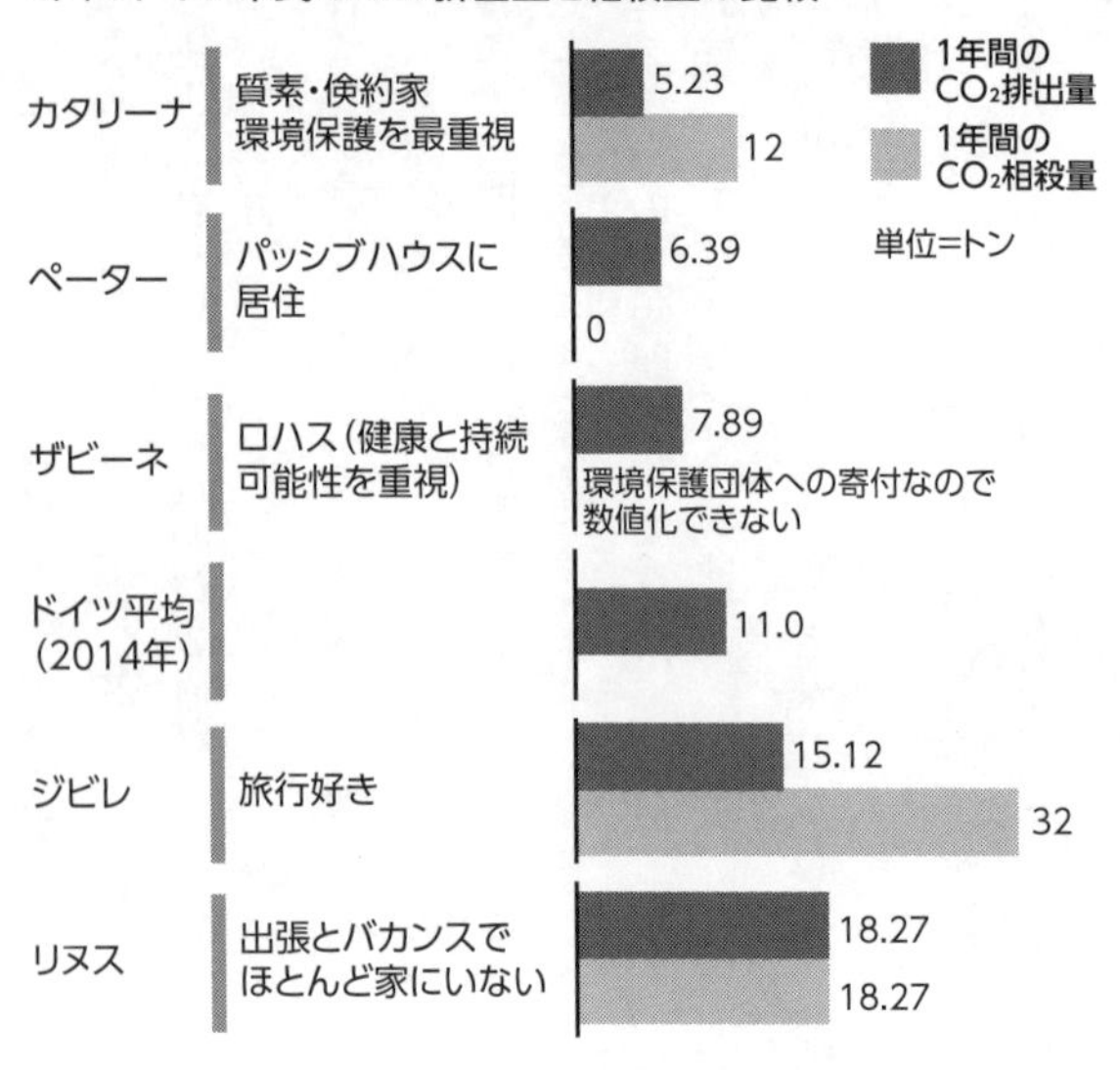

資料=UBA

ジェクトは、実際にCO_2排出量を減らし、地元経済に不当な負担をかけないと認められている。彼はこの投資によって、自分の生活から出る18・27トンのCO_2を相殺している。

リヌスさんは、「長期的には私もCO_2排出量を自分で減らさなければならないと思っています。CO_2相殺のための投資を行っているのは、先延ばしにせず、とりあえず何かしなくてはと思ったからです」と説明している。

５人のCO_2排出量を比べてみると、ライフスタイルによって随分大きな違いが表れるということがわかる。

同時に、暮らしの中のどの点を変えれば、CO_2排出量を減らすことができるかが理解できる。生活の仕方を変えずにお金を払ってCO_2排出量を相殺するには、どのようなオプションがあるかも伝わってくる。

５人の言葉に共通しているのは、彼らが自分の暮らしが環境に与える影響を強く意識しているという点だ。CO_2排出量が多いリヌスさんもジビレさんも、そのことを気にしていて、「なんとかしなくては」と考えている。だから2人はわざわざお金を払って、CO_2を相殺しているのだ。

第4章
環境と利益追求の両立を目指すドイツの企業戦略

◆環境保護なくして企業経営なし

ドイツ人にとって、自然への愛情と環境保護への執着は、国民性の一つであり、重要なアイデンティティにもなっている。それだけに、ドイツでビジネスを行う際に、環境保護を無視することはできない。環境保護に力を入れない企業は、消費者から悪いイメージを持たれて製品が売れなくなり、売上高や収益が減ってしまうことにつながるのだ。

株式市場に上場している会社の場合、環境保護に力を入れていることを示さないと、機関投資家や株主、投資アナリストからそっぽを向かれて、資金が集まらなくなる危険もある。株主が背を向けたら、株価は下がる。最近の投資家は、ESG（環境・社会・ガバナンス）の原則を重視する企業への投資を増やそうとする傾向があるからだ。

投資家たちは、自分がお金を貸す企業が収益を増やすだけではなく、社会的な責任をも果たすことを求めているのだ。

「株価は、ESG経営に関するニュースに敏感に反応する」と主張する研究者もいる。米国イリノイ州ノースウエスタン大学のケロッグ経営研究所のアーロン・ヨーン研究員らは、2021年8月に、ESG経営に関するニュースと株価の動向に焦点を合わせ、3126

社の企業データと株価の動向を人工知能（ＡＩ）で分析した。そして、研究報告書の中で、「企業のＥＳＧ経営に関する重要なニュースが流れると、その企業の株価は上昇する傾向がある」と主張している。

ただし株式市場は、単に前向きなだけのニュースには反応を見せなかった。ニュースが具体的で、環境や消費者に重要な影響を与えると見られた内容のニュースの場合に、株価が敏感に反応した。

たとえば企業が環境保護のための具体的な対策を行ったり、製品の安全性を高めるための改良を行ったり、コーヒー豆を生産している農家に公正な価格を支払ったりしたというニュースが流れると、株価が上昇した。このためヨーン研究員は、「ＥＳＧは企業価値を増進する」と結論づけている。

これとは逆に、企業が環境汚染を引き起こしたことが報道された場合、株価が引き下げられることは言うまでもない。

したがってドイツでは、「環境保護はコストがかかるので、収益を圧迫する」と考えることはもはや時代遅れだ。むしろドイツをはじめとする先進国の多くの企業は、市民の高い環境マインドを利用して増収増益に結び付けようとしている。環境対策に力を入れていることをアピールして、競合他社に差をつけることも戦略の一つとなっているのだ。

◆エコ商品の先駆者・フロッシュ

日本のスーパーマーケットで、にっこりと微笑む緑色のカエルのマークが付いた台所用洗剤を見かけたことはないだろうか。ドイツ西部のマインツに本社を置く洗剤メーカー「ヴェルナー&メルツ（W&M）」社の主力商品「フロッシュ」だ。フロッシュとは、ドイツ語でカエルを意味する。W&M社は、環境保護に力を入れることで、業績を伸ばしている企業の代表選手だ。従業員数は1050人。1867年に創業した家族経営企業で、この国の製造業界の大黒柱である「ミッテルシュタント」と呼ばれる中規模企業だ。ドイツの企業の約99%は、ミッテルシュタントである。この国の中規模企業は、日本と同じく発明力、技術革新力が高いことで知られる。

同社は洗濯用洗剤、台所用洗剤、絨毯（じゅうたん）を洗うための洗剤、洗面所や床を磨くための溶液、洗面所の排水管の詰まりの除去剤など約80種類の製品を製造している。ドイツ人にとってはヴェルナー&メルツと言うより、緑のカエルのマークを付けた洗剤フロッシュで有名だ。この国でフロッシュの洗剤を知らない人はまずいない。

19世紀に創業した時には、主に蠟を使った製品を作っていた。ブレイクしたのは、1901年に初めて蠟を主成分にした靴磨きクリーム「エルダール」を開発した時だ。それまでの靴磨きクリームには硫黄が使われていたので、靴の皮革が傷むことがあった。そこでW&M社は、硫黄を含まない靴磨きクリーム「エルダール」を開発した。1920年代にはエルダールはドイツで最も売上が多い靴磨きクリームとなった。エルダールには、王冠をかぶった「カエルの王様」が標章として使われたが、このマークはいまも同社のシンボルである。

さらにW&M社は1986年にリン酸塩を含まない洗剤「フロッシュ（カエル）」を発売した。当時合成洗剤には助剤としてリン酸塩が配合されていた。リン酸塩が排水として家庭から外部環境に流されると、池や沼でリンの増加によって植物性プランクトンが急速に増え、生態系のバランスを崩し、いわゆる富栄養化の原因になる。フロッシュは環境にやさしい洗剤としてまたもヒット商品となった。

これ以来、緑色のカエルの絵がラベルに描かれたフロッシュは、「環境に対する負荷が少ないエコ商品」の代名詞となった。化学物質を極力使わず、自然から得られる「ビオ」で「エコ」な物質を使うことが同社の経営の大原則である。その後同社は有機溶剤を使わない靴磨きクリームや、自然の材料だけを使った床磨き液などを次々に発売し、ドイツで環境保護を最も積極的に製品開発やマーケティングに反映させる企業の一つとして知られている。同社は「持続可能性が高いビジネスを行う企業」というイメージを定着させることに成功した。

W&M社は、自ら「エコ商品の先駆者」と名乗っている。そして「我が社にとっては製品が環境に与える負荷を少なくすることと、社会的な責任を果たすことは、当然のことです」と述べ、「我々が目指しているのは、『環境保護と洗剤の効率性は両立しない』という先入観を打ち破ることです。製品、容器、製造過程などにおいて、世界で使われている環境基準よりも一世代先を進むことを目指しています」として、環境に対する配慮を経営戦略の中心に据えていると強調した。つまり汚れをよく落とす洗剤には、環境への負荷が大きい化学物質を使わなくてはならないという先入観から脱却することが必要だというのだ。

たとえば合成洗剤には、しばしば界面活性剤が用いられる。界面活性剤は、水になじみやすい「親水性」と油になじみやすい「親油性」を持っているので、水と油を混ぜ合わせて、衣服などから汚れを取る効果を持っている。界面活性剤には、しばしば石油化学原料が使われている。W&M社は石油から作られる界面活性剤を使わず、植物から採れる天然の物質を用いている。しかも原料を選ぶ際にも、発展途上国の環境への悪影響を最小限にするための配慮を行っている。

同社は「ヤシ油に含まれる成分から界面活性剤を作ると、南米などの熱帯雨林の樹木が伐採され、生態系に悪影響を与えます。このため我が社は、菜種油、オリーブ油、亜麻仁(あまに)油、ヒマワリの油など欧州で採れる植物から界面活性剤を作って、洗剤に利用します。そうすれば南米の熱帯雨林の伐採を減らせる他、航空機によるヤシ油の輸送から排出されるCO_2を節約できます。欧州で伝統的な植物の栽培を促進し、バイオダイバーシティ（生物多様性）の維持に貢献することもできます」と説明している。

なぜここでW&M社は熱帯雨林に触れているのか。大量のCO_2を吸収し酸素を放出する南米の広大な熱帯雨林は、「地球の肺」とも呼ばれる。ドイツでは農地を作るための伐採などの乱開発によって南米の熱帯雨林の破壊が進んでいることが、しばしば報道されている。つまりW&M社は、「熱帯雨林の保護」というドイツ市民の関心を引く環境キーワードを使って、環境保護に力を入れる企業というイメージを増幅しているのだ。

ちなみに洗剤や磨き剤はドイツ人にとって重要な商品だ。彼らは、欧州諸国の中で最もきれい好きで、清潔さを好む民族だからだ。ドイツ人の友人宅を訪れると、浴室や洗面所、台所は清潔で整理整頓が行き届いているのが目につく。都会から遠く離れた田園地帯で、安い民宿に泊まったりレストランに行ったりしても、洗面所やトイレは非常に清潔で気持ちがいい（フランスに住んでいる日本人から「ドイツに旅行すると、トイレが清潔なのでほっとする」という声を聞いたことがある）。春になると、どの家庭もせっせと窓ガラスを磨き、冬の悪天候によって付着した水滴の痕や埃（ほこり）を取り除いている。

このためドイツ人にとっては、洗面所などをきれいにするための洗剤はきわめて重要である。そのことは、スーパーマーケットや雑貨店で売られている、タイル磨きなど掃除用品の種類が非常に多いことにはっきり表れている。ところがこれらの洗剤や溶液は、頻繁に使うものなので、家族の健康や河川など環境への影響が心配になる。フロッシュは、「頻繁に掃除や洗濯を行っても健康や環境への負荷が少ない」という理由で大ヒットしたのである。

◆環境保護と収益拡大は両立する

２０００年にＷ＆Ｍ社の社長に就任したラインハルト・シュナイダー氏は、創業者の血を引く遠縁の子孫で、1992年から監査役会のメンバーとして経営に関与してきたが、同社のエコ重視路線を強力に推進している。

彼は、「持続可能性をあらゆる企業の活動の中に実現しなくてはなりません。そうしなければ、環境保護に貢献するという約束が、単にマーケティングのための口先だけの約束ではないという信頼感を消費者に持ってもらうことはできません」と訴える。そしてシュナイダー氏は「我々は、環境に配慮するライフスタイルが、大半の市民によって受け入れられるような社会を作りたいと思っています」と語っている。彼によると、「製品が環境に与える影響や、製品がどのようなプロセスで作られているかを知りたい」と思う消費者が増えている。このため同社はウェブサイトなどを通じて、環境保護のための取り組みを積極的に公表しているのだ。

シュナイダー氏がいま最も力を入れているのが、洗剤のプラスチック容器のリサイクル比率を引き上げることによって、海などに捨てられるプラスチックゴミの量を減らすことだ。ドイツでは、市民の間でプラスチックゴミによる海洋汚染についての関心が高い。鼻にプラスチックのストローが突き刺さった海亀の写真は、多くのドイツ人に衝撃を与えた。

同社は2008年に、フロッシュ・シリーズの洗剤のペットボトルにリサイクルで回収されたプラスチックを使用し始めた。再利用されたプラスチックの比率は当初30％だったが、２０１１年にはこの比率を65％に引き上げた。翌年にW＆M社は、環境保護団体ドイツ自然保護同盟（ＮＡＢＵ）と共同で開催した「持続可能性フェア」で、「プラスチック・リサイクル・キャンペーン」を開始。２０１３年には再利用されたプラスチックの比率を80％にまで増やした。W＆M社はスーパーマーケットチェーンREWEもこのプロジェクトに参加させ、２０１４年にはフロッシュ・シリーズの洗剤ペットボトルの材質に再利用プラスチックが占める比率を、１００％に引き上げた。

しかもこのペットボトルに使われている再利用プラスチックのうち、20％は家庭から出るプラスチックゴミを原料にしている。先述したように、この国では、プラスチックゴミには2種類の回収方式がある。コーラや炭酸水などの飲料水の価格には、ペットボトルの貸し出し料が含まれている。ペットボトルをスーパーマーケットにある回収機に入れると、引換券が印刷される。この引換券を買い物の時にレジに提出すると、その分だけ払う代金が安くなる。つまりペットボトルを返せば、貸し出し料が戻ってくるわけだ。

この方式で回収されないプラスチック（牛乳のテトラパックのキャップなど）については、「黄色いゴミ袋（ゲルベ・ザック）」または「黄色いゴミ箱」に捨てる。黄色いゴミ袋かゴミ箱の中身は、民間企業が回収する。しかし包装容器市場調査協会によると、こうして集められたプラスチックのうち、2012年にペットボトルなどを作るために再利用された比率は48・2%と低かった。最大の理由は、原油価格が安かったために、プラスチックを再利用してペットボトルを作るための費用よりも、新しいプラスチックを作る費用の方が安かったからである。

このためW&M社は、再利用プラスチックの比率を高めるために、コストが上がるのを承知の上で、自社のペットボトルを製造する際に、再利用されたプラスチックを積極的に使っていたのだ。同社は2025年までに、フロッシュだけではなく、全ての製品のペットボトルも再利用プラスチックから作ることを目指している。もちろんこの会社だけが再利用プラスチックの比率を高めても世界中で捨てられるプラスチックゴミの量がすぐに減るわけではない。しかし「我が社は再利用プラスチックだけを使っている」とPRすることで、他の企業にとってのベンチマーク（模範）になることとの意味は大きい。

この会社は様々な自然保護プロジェクトにも参加している。たとえば環境保護団体NABUと協力して、ライン川に面したビンゲンの田園地帯に58ヘクタールの土地を買い取り、カエルが生息しやすい環境を作る「フロッシュがカエルを守る」というプロジェクトを行っている。

またインドネシアでは、ボルネオ・オランウータン・サバイバル（BOS）というドイツの動物保護団体と協力して、熱帯雨林でオランウータンの生息地域を乱開発から守るプロジェクトも進めている。洗剤の界面活性剤に、外国のヤシ油を使わないという方針には、熱帯雨林を守るという意図も含まれている。生態系の保護に配慮するという洗剤メーカーの決意表明でもある。

こうした努力の結果、シュナイダー社長は2019年にドイツのフランク・ヴァルター・シュタインマイヤー大統領（ドイツは大統領制を採っている。ただし大統領は国家統合の象徴的な存在であり、政治的実務には携わらない）から、ドイツ環境賞を授与された。この賞は、同国の環境関連の賞の中で最も権威があるもの。シュタインマイヤー大統領は、授賞式で「シュナイダー社長は真のパイオニアだ。彼は、他の企業の経営者に先駆けて、製品と製造方法に持続可能性の精神を実現した。そのことは、環境に負荷の少ない植物からの界面活性剤の使用や、ペットボトルの材質の中で再利用プラスチックの比率を引き上げる努力に表れている」と語った。さらに大統領は、「シュナイダー社長は、環境保護と収益拡大が矛盾しないことを証明した」と讃えた。

実際に、これらの企業戦略は、環境意識の高いドイツ人から受け入れられた。２０１２年に３億５００万ユーロ（４９０億円）だった同社の売上高は、２０２１年には６億１７００万ユーロ（８６４億円）と２倍以上に増えた。フロッシュは、ドイツで最も成功した洗剤メーカーの一つである。

◆環境にやさしいパンが大ヒット

欧州にはフランス、ポーランド、バルト三国などパンが美味しい国が多い。ドイツもそうした国の一つだ。私は33年間ほぼ毎日食べているが、飽きない。出張や観光でドイツを訪れた人の中には、ホテルの朝食時に出されるパンを、「美味しい」と思った人もいるだろう。

パンの味を楽しむには、パンが作られた日に食べるのが一番だ。焼きたてのパンは外側がカリッとしているが、中身はしっとりと柔らかい。この食感が、私は好きだ。

ドイツ人の食生活にパンは欠かせない。この国では共働き世帯が多く、食事の準備に時間をかけたがらない。たとえば夕食は黒パンとハム、チーズだけという家庭が少なくない。それだけにドイツの町を歩くと、パン屋が至る所にあることに気がつく。そんなパン激戦国のドイツで、40年以上前から持続可能性を経営戦略の中心に据えることによって成功した製パン企業がある。

ミュンヘンでは、町のあちこちで「ホーフピスタライ（王室パン製造所）」という古めかしい名前のパン屋を見かける。看板には、小麦の束を左右に配置し、真ん中に古い建物を描いた紋章が誇らしげに掲げられている。人気があるので、たいてい店の前には順番を待つ客の行列ができている。パンを包む紙袋には、「エコロジーと社会的な公平性を重視します」というスローガンが印刷されている。環境保護に力を入れるパン屋なのだ。日本でパンの包み紙にこういう言葉を書いたパン屋は、見たことがない。

私は1990年にワシントンからミュンヘンに引っ越した直後、中央駅から約2キロ北西のクライットマイヤー通りの付近に住んだ。この通りには、1964年以来ホーフピスタライの本社とパン製造所がある。同社では、最新式のオーブンではなく、壁に埋め込まれた煉瓦の竈（かまど）を使ってパンを焼いている。竈を400度まで熱し、火を止めて熱が全体に行き渡ったら、職人たちが先端に板を取り付けた棒でパンを竈に入れる。昔ながらの製法にこだわるところが、バイエルン州の伝統企業らしい。

私のアパートはこのパン製造所のすぐ裏にあった。このため、朝ベランダに出ると、焼き立てのパンの香ばしい匂いがした。

同社のパンの包み紙には「カーボンニュートラルな製法」という言葉も見える。カーボンニュートラル、つまりCO_2の排出量を実質ゼロにしたパンの製法とは、どういうことだろうか。

◆ペルーの熱帯雨林への投資でCO_2を相殺

私は、ホーフピスタライが毎年公表している「持続可能性報告書」を読んでみた。約80ページの報告書には、同社が排出するCO_2や窒素酸化物、排水、ゴミの量、パンの製造のために使用する水、灯油、電力、ガス、小麦粉の量などが明記されている。

同社は、再生可能エネルギーだけによって発電された電力を使っている他、パンを輸送するトラック21台のうち、９台の燃料をディーゼルの軽油から、ガスに切り替えた。ガスの方が、軽油よりもCO_2排出量が少ないからだ。将来バッテリーだけを使う電気自動車のトラックが開発されたら、採用する方針。同社によると、２０２０年に排出したCO_2の量は、前年に比べて24・９％減り３６２８トンになった。

ホーフピスタライは、このCO_2排出量をさらに相殺するために、南米でグリーン投資を行った。同社は2020年に、ペルーのパングアナ地方の熱帯雨林（広さ1634ヘクタール）を伐採や乱開発から守るために、寄付によって1020ヘクタール（東京ドーム約220個分）を自然保護地区に指定させた。

南米の熱帯雨林では、他の作物の畑にするために樹木が切り倒されたり、焼かれたりすることが大きな問題になっている。熱帯雨林を自然保護地区に指定すれば、伐採などから守ることができるからだ。

スイスの有機土地利用研究所の鑑定によると、ホーフピスタライはこのグリーン投資によって、CO_2の量を1年間に7516トン節約する。計算上は、同社のパン製造によって排出されるCO_2の量の2倍を超えるCO_2の排出を防いだことになる。同社はこのようにしてカーボンニュートラルなパンの製造を実現しているのだ。

ホーフピスタライのパンは、他のパン屋に比べると割高である。だがバイエルン州の市民の間では根強い人気があり、平日の午後や、土曜日の昼頃にはショーケースの中がほとんど空になる。他の店では、土曜日の午後や夕方にもパンが売れ残っている。私も、味や食感が良いので、毎日この店のパンを買って、その日のうちに食べる。ホーフピスタライのファンたちは、「環境への負荷が少ないパンが割高なのは、当たり前のことだ」と受け入れているのだ。

◆カーボンフットプリントを積極的に公表

自分がCO_2を毎年どれくらい出しているか――。このテーマに関心を持っているのは市民だけではない。ドイツ企業の間でも、製造・販売活動から排出されるCO_2の排出量を記録して公開し、削減する努力が行われている。その背景には、カーボンフットプリント（CO_2排出の足跡＝ＣＦＰ）削減努力が、環境意識の高いドイツ消費者を引き付けることにつながるという思惑もある。

ドイツの大手化学メーカーＢＡＳＦ（本社ルートヴィヒスハーフェン）は、約80ヶ国の３９０の製造拠点で約11万１０００人の従業員を雇用している。２０２１年の売上高は７８６億ユーロ（11兆40億円）に達する、世界最大の化学企業だ。１８６５年に創業した同社のプラスチックなどの化学物質や製品は、製薬、農業、自動車製造、建設など様々な分野の製造活動に使われている。ドイツの製造業界では、ＢＡＳＦの化学製品ぬきにはサプライチェーンを維持することが難しいほどだ。

化学産業では、これまで熱源として主に天然ガスなどの化石燃料が多用されてきた。だが気候変動に歯止めをかけるため、さらにはロシアからの天然ガスの依存度を減らすために、製造方法を変えてCO_2排出量を減らすことが喫緊の課題となっている。

BASFは2030年までにCO_2排出量を2018年比で25%減らし、2050年までにカーボンニュートラルを達成することを目標にしている。同社は2030年までに40億ユーロ(5600億円)を投じて、ガスや石炭などの熱源を再生可能エネルギーによる電力やグリーン水素(水を再生可能エネルギーによる電力で電気分解して作られる水素)で代替し、化学物質の製造プロセスを大きく変更する。

BASFは、2007年から自社の製造活動によるCFPを毎年計算して公開している。同社がいまから16年も前にCFPの計算を始めた理由は、ドイツ市民の環境問題への関心が欧州でも特に高く、メディアや監督官庁が化学業界に対し厳しい監視の目を光らせているからだ。

たとえばこの国では化学工場で爆発事故などが起き、死傷者が出なくても、有害物質が周囲の地域に拡散されたということだけで新聞の一面トップで扱われることがある。人々の環境意識が鋭敏だからだ。

同社は、CFPを次の3種類に分けている。

(図表4-1) BASFが排出した温室効果ガス(約98%がCO_2)のうち、スコープ1と2

単位＝トン

分野	2018年(ベース年)	2020年	2021年
スコープ1	17,820,000	17,523,000	17,721,000
スコープ2	4,067,000	3,279,000	2,464,000
1+2合計	21,887,000	20,802,000	20,185,000

資料＝BASF

・スコープ1＝BASFの製造拠点から直接排出されるCO₂。化学工場からのCO₂や、生産活動に必要な電力や熱、蒸気を生産する社内の施設からのCO₂も含まれる。

・スコープ2＝BASFに電力、ガスなどのエネルギーを供給する企業が排出するCO₂。

・スコープ3＝BASFが関わるバリューチェーン全体から排出されるCO₂。製品の輸送や廃棄物処理、顧客が購入した製品から排出されるCO₂(例・ドライアイスや、炭酸入り清涼飲料業界向けのCO₂、肥料など)。

BASFが公表しているデータを読むと、企業にとってのCO₂削減がいかに複雑であるかがわかる。CO₂は製造プロセスだけから排出されるのではなく、製品が顧客に販売されてから使用され、廃棄物として処理されるまでの全期間にわたって排出されるからだ。企業にとっては、製造プロセスについては直接影響を与えられるが、製品が売られた後の過程についてもCO_2を減らすのはなかなか難しい。

前記の三つのカテゴリーのCO_2のうち、BASFが直接減らせるのは、製造プロセスなどから排出されるCO_2などを含むスコープ1だ。スコープ2についても、エネルギーを供給する企業に要請することによって間接的に削減することが比較的容易だ。スコープ1と2については、BASFは2018年以来6・7％、2020年からの1年間で2・4％減らすことに成功した。

だがスコープ3、たとえば製品の調達、輸送や廃棄物としての処理、顧客が購入した製品から排出されるCO_2など温室効果ガスの量については、スコープ1と2に比べると、BASFのウェブサイトの情報は少ない。2021年のスコープ3の内訳は表示されているが、2018年からの増減は示されていない。「2021年に顧客のCO_2排出量を200万トン減らすことができた」と記されている程度だ。BASFは、「2021年にサプライヤーCO_2管理システムを導入した。今後はサプライヤーとCO_2削減について協

(図表4-2) BASFが排出した温室効果ガスのうち、スコープ3の内訳(2021年)

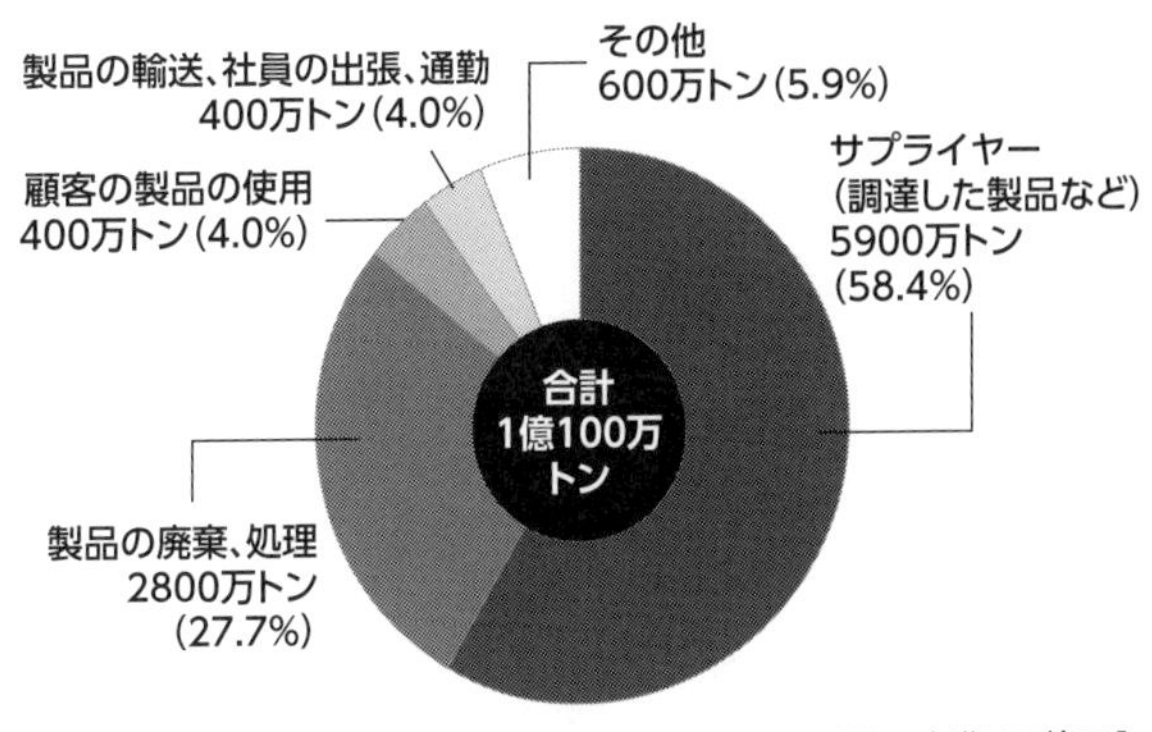

100万トン未満は四捨五入
資料＝BASF

議し、CFPを調達基準の一つにしていく」と語っている。つまり納入業者にとっても、CO_2削減が重要になるのだ。

◆バリューチェーン全体の分析が重要

図表4－2は、2021年の同社のスコープ3の排出量を示す。たとえばサプライヤー、つまりBASFに製品や原材料などを供給する企業が排出するCO_2は約5900万トン。これは、スコープ1と2の排出量の約3倍に達している。サプライヤーからの製品調達や、顧客が使用する製品からのCO_2を減らすことは、どの企業にとっても容易ではないのだ。

このグラフから、企業が自社の製造活動だけではなく、バリューチェーン全体を分析することの重要性が浮かび上がって来る。CO_2は製品がこの世に生まれ落ちた瞬間から、ゴミとして廃棄される瞬間まで出るものなのだ。CO_2の排出量を本格的に減らすには、自社の工場や発電施設だけではなく、サプライヤーや製品の廃棄や処理を担当する企業から顧客まで巻き込む必要がある。

ちなみにＢＡＳＦは、同社の約４万５０００種類の製品全てについて、ＣＦＰを公表している。同社は「製造工程のデジタル化によって、全地球的な規模で、ＣＦＰに関する透明性を高めることが可能になった。このデータをもとに、顧客やサプライヤーとともに、CO_2を大幅に減らすための計画を作りたい」と説明している。

同社で持続可能性に関するテーマを担当するクリストフ・エーケル氏は、「我々の顧客にとっても、気候保護は重要性を増しつつある。将来我々は、ＣＦＰに関するデータを提供することによって、顧客が彼らのCO_2削減目標を達成する手助けを行うことができる」と語っている。

つまり顧客に対してCO_2に関するデータや、削減のためのヒントなどを提供することによって、取引関係をさらに緊密にするという副次的な狙いもある。

◆企業が自らの所有地で行う森林伐採にもNO!

このようにドイツの企業は、環境対策を重視し、それをアピールすることによって顧客から信頼を得て、業績を伸ばしている。逆に、企業が環境対策をおろそかにすると、市民から思わぬしっぺ返しを食うこともある。

こんな実例があった。舞台は、旧西ドイツのケルンに近いハンバッハの森。この森は、ドイツの大手電力会社RWE所有地の中にある。ここでRWEは、2003年以来、火力発電所の燃料にするために、褐炭を採掘してきた。褐炭はドイツで最も容易に採掘できる化石燃料で、ライン川に近い地域や旧東ドイツなどでは、露天掘りが行われている。したがって、EUがCO_2排出量取引を始めるまでは、採掘にかかる費用が比較的低い燃料だった。だが褐炭のCO_2排出量は天然ガスに比べて多いので、環境保護を重視する人々からは問題視されていた。

約5500ヘクタールのハンバッハの森では、ほとんどの木がすでに伐採されており、残っている森は200ヘクタールだけだった。RWEはノルトライン・ヴェストファーレン州政府の許可を受けて、2018年10月から、残っている森も伐採することにした。

それに対して、この森には環境団体のメンバーら約200人が木の上に小屋を作って居座り、伐採を妨害するためにバリケードを築いていた。RWEは伐採を始めるために、2018年9月13日に警察の支援を受けて活動家たちの排除とバリケードの撤去を開始した。環境団体BUNDは、ミュンスター高等行政裁判所に対し、伐採の差し止めを求める仮処分申請を提出した。

裁判所は、10月5日に環境団体の訴えを認めて、RWEに伐採の即時中止を命じた。その理由は、BUNDが下級審であるケルン行政裁判所に起こしていた訴訟である。

BUNDはケルン行政裁判所で伐採差し止めを求める仮処分申請と行政訴訟を提起していた。ケルン行政裁は仮処分申請は却下したものの、行政訴訟の審理は続いていた。BUNDはケルン行政裁判所の決定を不服として、ミュンスター高等行政裁判所に伐採差し止めを求める仮処分申請を提出していたのだ。

ミュンスターの裁判官は「行政訴訟が継続しているのに、森林を伐採して既成事実を作り上げることは許されない。RWEは『ハンバッハの森に代わる土地がないので、この森林を伐採しなくては褐炭による火力発電事業に大きな悪影響が出る』と説明したが、その主張は説得力に欠ける」としてBUNDの差し止め申請を認めたのだ。

この森は、民間企業が所有している土地の一部だった。日本ならば、「企業が所有地で木を切って、どこが悪いのだ。第三者が口を挟むべき問題ではない」という意見が出るところだろう。だがドイツの裁判官は、「森は電力会社だけではなく、市民にとっても公共財である」という環境団体の主張を認めて、電力会社に対して伐採を禁じた。環境意識が高いドイツならではの決定だ。

当初RWEは「州政府も許可しているのだから自社所有地での伐採に問題はない。他の地域で植林も行っている」と主張し、環境団体の抗議を黙殺していた。今回の事例は、「州政府も許可しているのだから」という理由で、収益優先という企業の論理を貫くだけでは、市民の理解を得られないことを示した。ハンバッハの森の伐採中止をめぐる判決は、企業がドイツ国内で環境保護をおろそかにすることの危うさを浮き彫りにしている。

◆原油貯蔵タンクの海洋投棄にドイツ市民が石油会社をボイコット

もう一つのエピソードも、ドイツ市民の環境保護意識の尖鋭(せんえい)さを示している。1995年に英国に本社を持つ巨大石油企業シェル社（当時はロイヤル・ダッチ・シェルという社名だった）が、老朽化した海上原油貯蔵タンク「ブレント・スパー」を、スコットランドの西約250キロの北海に沈めて処理する方針を発表した。この場所は、英国の領海である。同社が科学者に鑑定を依頼したところ、「海に沈めても環境への悪影響は少ない」という結果が出た。英国政府は1995年に海中投棄を許可した他、漁業組合からも反対意見は出なかった。

だが環境保護団体グリーンピースは、「タンクの中に原油の残滓（ざんし）がある。このため海中に投棄すると、海が汚染される。このケースが許されると、将来も北海に産業廃棄物が捨てられるだろう」と主張して、海中投棄に反対するキャンペーンを開始した。

ドイツの市民たちは、グリーンピースの呼びかけに応じて、シェルのガソリンをボイコットし始めた。そのため、ドイツのガソリンスタンドからの売上高は、一時減少した。ドイツ政府も、英国政府に対し海中投棄をやめさせるように要請した。

結局、シェルは、ドイツでの反対キャンペーンの高まりに衝撃を受け、原油タンクの海中投棄をあきらめた。企業イメージに傷がつくことを恐れたのである。1998年に同社はブレント・スパーをノルウェーに移動させ、港の構造物の一部として再利用すると発表した。

この時シェルは、科学者に鑑定報告書を作らせ、政府の許可を得るなど正しい手続きを行っていた。だが同社はドイツ人の環境意識が敏感であることを考慮に入れず、十分な広報活動を行わなかったために、ボイコット旋風に巻き込まれたのである。私も当時ドイツでこのニュースを聞いて、「この国ではゴミをしかるべき場所に捨てないと罰金を取られる。だからドイツ人たちは、古い原油貯蔵タンクを海に捨てることなどもっての外と考えたんだな」と感じた。

◆企業・政府を襲う気候保護訴訟

近年、欧州では、地球温暖化など環境保護に関連して企業が訴えられるケースも増えている。2021年5月26日、オランダのハーグ地方裁判所は、シェルに対し、CO_2排出量を2030年までに2019年比で45%減らすよう命じた。同社は判決を不服として控訴した。

シェルは、2030年までに2019年比で20%減らすと約束していたが、環境保護団体が「この目標は、2015年に世界の多くの国が合意したパリ協定の精神に照らして不十分だ」として、同社を訴えていた。この裁判はまだ決着していないが、欧州の裁判所が民間企業のCO_2削減努力を不十分と認定し、削減の加速を命じたのは、初めてのことである。

ドイツでは2015年に、同国の環境保護団体に支援されたペルーの農民が、「気候変動により洪水の危険が高まった」として大手電力会社RWEを相手取り、ドイツの裁判所で損害賠償の支払いを求めて提訴した。原告は2016年に一審で敗訴したが、控訴審は継続中だ。

RWEはペルーに発電所を持っていない。だが原告は、「気候変動はグローバルな現象だ。ドイツで排出されるCO_2も、地球温暖化の原因になり得る」と主張した。当時多数の褐炭火力発電所を運転していた同社は、環境保護団体から「欧州で最もCO_2の排出量が多い電力会社の一つ」として批判されていた。ドイツの環境保護団体があえてペルーの農民を原告に選んだのは、CO_2問題のグローバル性、地球温暖化問題には国境がないということをアピールするためだった。この訴訟は、グローバルな気候変動について、個別企業に責任の一端があるか否かを問うケースとして注目されている。

またノルトライン・ヴェストファーレン州のある農民は、2022年5月に環境保護団体の支援を受けてデトモルト地方裁判所で欧州最大の自動車メーカー、フォルクスワーゲン（VW）を相手取って訴訟を起こし、2030年以降ガソリンおよびディーゼルエンジンを使う新車の販売を禁じるよう求めている。有機農法で野菜などを栽培しているこの農民は、「VWの製品を含む自動車からのCO_2が気候変動を引き起こし、私の農業経営に大きな悪影響を与えている」と主張している。

2021年5月22日付のドイツの日刊紙フランクフルター・アルゲマイネ（FAZ）は、「米国のホワイト&ケース法律事務所によると、世界中で気候変動にからんで環境保護団体や市民が企業や政府を訴えたケースは、2019年の時点で約1200件に達していた」と報じている。

日本にいるとまだあまり実感がないかもしれないが、世界は環境対策に消極的な企業に対し、確実に「NO」を突きつけ始めている。

◆「将来の世代に、現在の無策のツケを払わせるのは違憲」

ドイツ企業が環境保護に力を入れる理由の一つは、訴訟リスクだ。たとえば、ドイツの裁判所が政府に「気候変動対策が不十分なので、もっと強化しなさい」と命じたことがある。ドイツ南西部のカールスルーエにある連邦憲法裁判所（BVerfG）は、この国で最高の権威を持つ裁判所で、政府もその決定には従わなくてはならない。この裁判所は違憲訴訟だけを扱うので性格は異なるが、日本の最高裁判所並みの権威を持つ。

2021年4月29日にBVerfGは、「ドイツ政府の気候変動対策は十分ではない」と認定し、CO_2削減策の強化を命じた。BVerfGが政府の地球温暖化対策が不備だとして、是正を求めたのは初めて。

原告は、北海のペルヴォルム島に住むゾフィー・バックセン氏（22歳）と3人の兄弟、環境保護団体フライデーズ・フォー・フューチャー・ドイツ支部のルイーゼ・ノイバウアー支部長らである。バックセン氏らは、「私たちの母親はペルヴォルム島で農業を営んでいるが、地球温暖化によって海面が上昇しており、将来海水が農地を覆って、農業ができなくなる可能性がある。政府の気候保護政策が不十分であるために、我々の将来の生活権が侵害される」と主張し、CO_2削減を加速するように訴えていた。

争点となったのは、メルケル政権（当時）が2019年に施行した気候保護法である。この法律は、ドイツ政府に2030年までにCO_2排出量を、1990年比で少なくとも55%減らすことを義務付けていた。さらに同法は、政府に対し2050年までにカーボンニュートラルを達成することを義務付けていた。

問題は、この法律の中にあるカーボンニュートラルへ至る道筋、つまり行程表だった。気候保護法は、2022年から2030年までの9年間については、エネルギー業界や製造業界などが毎年排出するCO_2の上限値を明記していた。しかし2031年から2050年までの20年間については、上限値を明記していなかった。

BVerfGは、判決の中で「2031年以降の排出量の上限が明記されていないことは、法律の手落ちだ。このことによって、将来の世代が今日の世代よりもCO_2削減努力を強化することを強制されるかもしれない」と指摘した。

つまり、2031年から2050年までのCO_2排出量の上限値が記されていないために、将来政府が対策を強化せざるを得なくなる可能性がある。今後30～40年経った時に、人々の自由がいま以上に制限されるかもしれない。つまりいまの対策が不十分であるために、気候変動がさらに深刻化し、いまの子どもたちが大人になってから、不自由を強いられるというのだ。

裁判官たちは「現在の世代は、いまCO_2削減努力を怠ることで、そのツケを将来の世代に押しつけてはならない。これは世代間で不公平が生じることを意味するからだ」と判断した。このためBVerfGは、「政府の気候保護法は、部分的に違憲である」と認定し、メルケル政権（当時）に対して、この法律を改正するよう命じた。判決を受けてメルケル政権は、ただちに気候保護目標を大幅に修正した。2030年のCO_2の1990年比の削減幅を55％から65％に拡大した他、カーボンニュートラル達成期限も２０５０年から２０４５年に早めた。２０３１年から２０４０年までの10年間についても、１９９０年に比べたCO_2排出量の削減率を明記した。

裁判官たちが、「気候変動による負担について、今日の世代と将来の世代の間に差が生じてはならない」と認定したことは、画期的である。地球温暖化の悪影響は、水害のようにただちに顕在化するものだけではなく、降雨量の不足や農作物に与える被害など、長い年月をかけて人間の生活の質を蝕（むしば）んでいくものもあるからだ。

ドイツのCO_2削減運動の尖兵（せんぺい）の一人であるフライデーズ・フォー・フューチャー・ドイツ支部のノイバウアー支部長は、「この判決は我々の勝利だ。気候保護は決して贅沢な要求ではなく、市民の基本的人権だ」と述べた。当時緑の党の共同党首の一人だったアンナレーナ・ベアボック氏（現在は外務大臣）も、「歴史的な判決だ」と述べ、ＢＶｅｒｆＧの判断を高く評価した。この判決は、緑の党がCO_2削減を最重要の政策課題としてきたことを、ＢＶｅｒｆＧがいわば「正しい判断だ」と追認したことを意味する。事実上最高裁判所に相当するＢＶｅｒｆＧの判決は、他の裁判所の判断にも大きな影響を与える。

したがって今後ドイツの司法は、地球温暖化をめぐって政府や企業にとってさらに厳しい判決を言い渡すかもしれない。

ドイツ司法部の最高の権威であるＢＶｅｒｆＧも、日本の最高裁判所に似て、判決内容は保守的な傾向が強い。そのＢＶｅｒｆＧが環境保護団体の主張をほぼ全面的に認めて政府に政策の是正を求めたことは、驚くべきことである。ＢＶｅｒｆＧは、時に社会が進むべき方向性を指し示すような判決を下すが、地球温暖化をめぐるこの判決はその一つだ。裁判官たちは大きな声ではっきりと「気候変動問題を重視せよ」というメッセージを社会に向けて送ったのだ。

ことほどさように、国や大企業が気候保護問題や、市民の環境意識を軽視することはできない時代になりつつある。

ドイツの企業経営者が経済成長（企業の成長）とともに環境保護に力を入れるのは、こういった厳しい司法判断を含めた社会的背景のためでもあるのだ。

第5章
環境と経済成長の両立を目指すドイツの国家戦略

◆グリーン・テックという強み

これまで見てきたように、ドイツでは政府も企業も「環境対策と経済成長は両立する」という考えの下に経済活動を計画したり、行ったりしている。そのベースにはドイツ人の環境意識の高さがあり、それを軽視した政策や企業活動をしていては、市民や投資家から支持が得られなくなる、ということが大きい。

さらにもう一つ理由がある。それは、彼らが気候変動や環境悪化を防ぐための技術、つまりグリーン・テックに力を入れているからだ。環境保護のための技術を外国にも売って、経済成長を図ろうというわけだ。たとえばこの国のスタートアップ企業には、環境保護やエネルギー、資源の節約に関する技術に特化している企業が多い。

ドイツ人たちは、グリーン・テックが21世紀の重要な輸出産業になると予想している。その理由は、多くの国々で、地球温暖化や気候変動に歯止めをかけるための努力、気候変動による悪影響を緩和するための取り組みが始まっているからだ。

ドイツ連邦環境局（UBA）によると、環境保全に貢献する製品の生産額は2009年から2017年までの8年間に約28％増えて868億ユーロ（12兆1520億円）になった。現在では気候変動対策に関心を持つ企業や市民がさらに増えていることから、今後グリーン・テックの市場規模が拡大するスピードは、これまでの成長率を大きく上回ると予想されている。

グリーン・テックには再生可能エネルギーによる発電、電力の蓄積、送配電技術、グリーン水素に関する技術、省エネ技術、省資源技術、持続可能なモビリティ（BEVの普及など）、CO_2排出量が少ない合成燃料（e－燃料）の開発、廃棄物のリサイクリング、浄水・排水処理技術、持続可能な農業・林業に関するテクノロジーなどが含まれる。

ドイツの企業コンサルティング会社・ローラントベルガーが2021年に連邦環境・消費者保護省に委託されて公表した報告書によると、2020年の世界のグリーン・テックの市場規模は4兆2860億ユーロ（647兆9200億円）だったが、2030年には約103％増えて9兆3830億ユーロ（1313兆6200億円）になると予想されている。毎年約10％の伸び率だ。最も市場規模が大きいのが省エネ技術で、10年間で約166％の拡大が予想されている。

ドイツ政府は、国内の2030年までのグリーン・テック市場の成長率が約118％になり、世界市場の成長率を上回ると予想している。特にドイツでは、風力発電、太陽

(図表5-1) 世界のグリーン・テック市場の成長予測

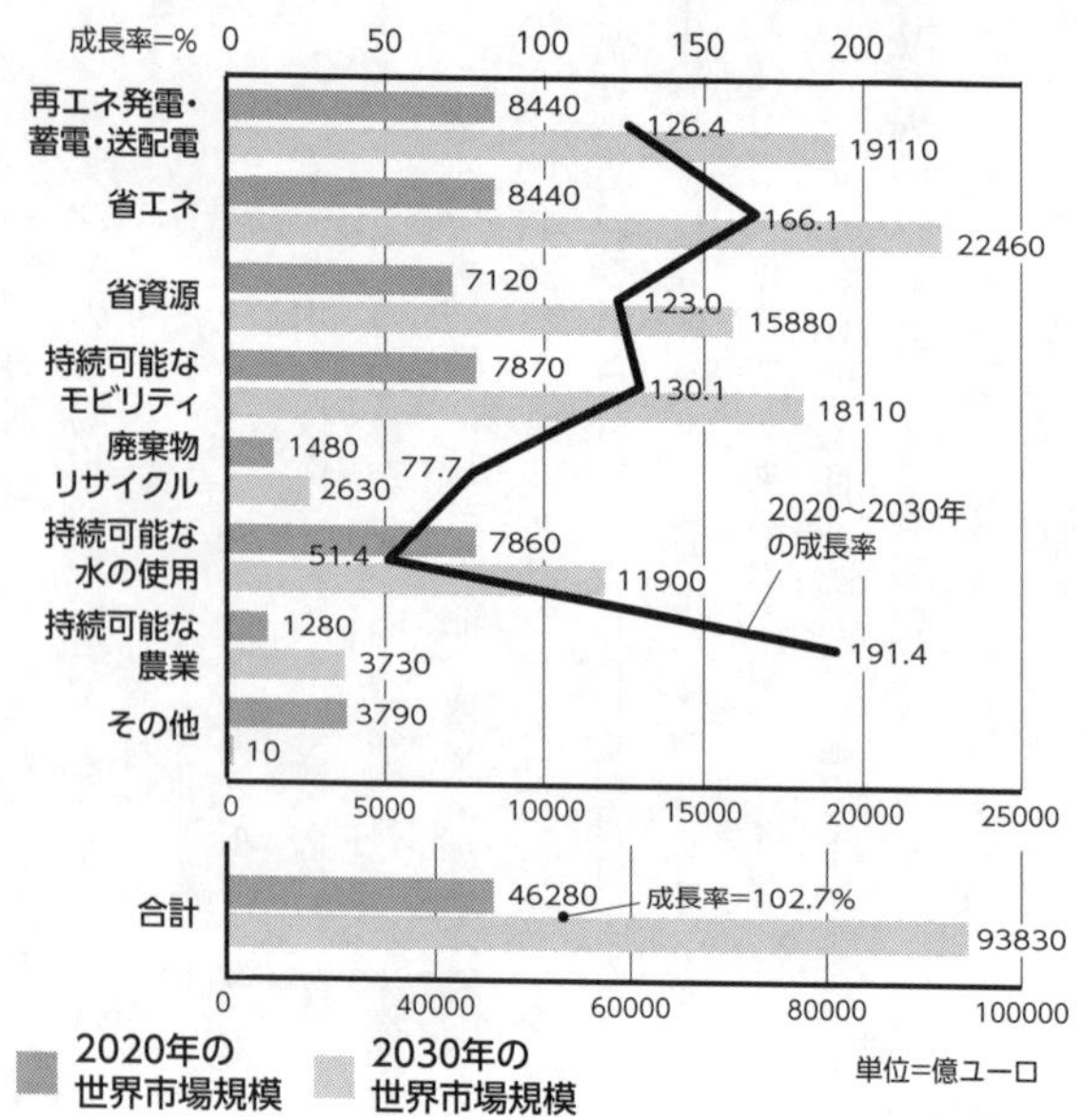

資料=ドイツ連邦環境・消費者保護省

光発電など再生可能エネルギー電力に関する技術からの売上高が、10年間で3倍に増えると予想されている。ドイツはすでに２０００年に再生可能エネルギーの拡大を始めていたため、長年の経験知と技術の蓄積があり、２０２１年末の時点ですでに消費電力の半分近くを再生可能エネルギーによってカバーしているからだ。

　連邦環境・消費者保護省は、「グリーン・テックは、ドイツのＧＤＰの約15％を生み出す重要な業種だ。環境技術市場の特徴は、疫病の流行や外国での戦争などによる悪影響が比較的少ないので、経済を安定させる効果があることだ。たとえば２０２０年以来のコロナ・パンデミックがグリーン・テック業界に与えた悪影響は、他の業界よりも少なかった」と説明している。

同省はドイツ商工会議所（ＤＩＨＫ）と共同でエコ・ファインダーという検索ページを作り、グリーン・テック関連の企業を簡単に見つけられるように便宜を図っている。たとえば「バイエルン州・太陽光」というキーワードを入れると、この州で太陽光発電パネルを製造している企業などの名前と連絡先がすぐに見つかる。

ちなみにグリーン・テック、特に省エネ技術はドイツだけではなく日本にとっても得意分野であり、我が国の企業にとっても大きなビジネスチャンスを生む可能性がある。

◆経済グリーン化を加速する緑の党

クリーン・テック市場が急成長するという予測の裏には、ドイツ政府が莫大な額の財政出動を行って、環境保護、特に経済の非炭素化を急いでいるという事実がある。

２０２１年12月に発足したショルツ政権には、環境政党・緑の党も加わっている。政権参加は、１９９８〜２００５年に次いで二度目。１９８０年に結党された時には、「原発即時停止」や「北大西洋条約機構（NATO）脱退」など過激な要求を掲げていたが、党内の路線闘争で実務派が主導権を握った。

緑の党が年々政策を穏健化させ、現実的な路線を歩むにつれて、企業経営者やビジネスパーソンの間でも支持者が増えた。2021年の連邦議会選挙では第3党になった他、2022年10月の時点では、16の州政府のうち12の州で連立政権に参加している（ドイツは連邦制を採っているため、地方分権が進んでいる。個々の州が独自の憲法を持っている他、教科書などの内容も州政府が決められる。原子炉の運転許可も、連邦政府ではなく州政府が出す）。

2022年5月にノルトライン・ヴェストファーレン州で行われた州議会選挙では、緑の党が得票率を前回に比べて約3倍に増やして躍進した。緑の党は中央政界・地方政界でも無視できない重要な政党になっている。

緑の党の「我々は地球を、将来の世代から一時的に預かっているにすぎない。この地球をなるべく汚さずに、将来の世代に引き継がなくてはならない」という思想は、自然を愛し、シンプルな生活態度を好む多くのドイツ人の心をつかんだ。

さてショルツ政権では、経済・気候保護大臣兼副首相（ロベルト・ハーベック）、外務大臣（アンナレーナ・ベアボック）、環境・消費者保護大臣（シュテフィ・レムケ）という要職を緑の党が担当している。同党は2021年9月の連邦議会選挙前から、地球温暖化に歯止めをかけ、経済をグリーン化することを最重視すると宣言していた。

◆再エネ拡大を加速

経済政策の他に気候保護も担当するハーベック大臣は2022年4月6日、再生可能エネルギーの拡大を大幅に加速するための計画を発表した。

彼は再生可能エネルギー促進法（EEG）、洋上風力エネルギー法、エネルギー経済法など5つの法律の改正法案を打ち出した。最も注目されるのは、「2035年にはドイツの電力消費量のほぼ100％を再生可能エネルギーでカバーする」という目標だ。2021年には消費電力に再生可能エネルギーが占める比率は約41％だったが、2030年にはほぼ2倍の80％に増やす。

この国の再生可能エネルギーの柱は、陸上風力と太陽光だ。これまで、2030年の陸上風力発電の設備容量目標は7100万キロワット（kW）だったが、改正法案はこの目標を約62％増やして1億1500万kWとした。

2022年には陸上風力発電設備の設備容量を300万kW、2023年には500万kW、2024年には800万kWそれぞれ増やし、2025～2035年は毎年1000万kWずつ設備容量を増やす。

ドイツの国土のうち、陸上風力発電設備の建設用地に指定されている土地の比率は、2022年6月の時点で0・5％にすぎない。その理由の一つは、各州の政府が風力発電設備と住宅地の間に最低1000メートルの距離を取ることなどを義務付けているからだ。一部の住民が風力発電設備のローターの回転音について苦情を言ったり、「不動産価格が下がる」と不満を申し立てたりしたためだ。

このためドイツ政府は、2022年6月に新しい法案を閣議決定し、2032年までにこの比率を2％に引き上げることを決めた。各州政府に、2032年までに陸上風力発電設備の建設用地の比率を一定の水準に引き上げることを義務付ける。期日までに達成できない場合、連邦政府は、州政府の風力発電設備と住宅地の間の最低距離に関する法律を無効にすることができる。地方分権の伝統が強く、通常は州政府の権限を重んじるドイツとしては、異例の厳しい措置だ。

またショルツ政権は、風力発電設備を新設する場合、収益の一部を周辺の住民に還元できるようにした。その発電設備からの電力が他の地域でよく売れれば、近くに住む人々の懐（ふところ）も潤う。こうすれば、風力発電設備の建設に反対する住民の数も減るかもしれない。

これまでは風力発電設備の建設が禁止されていた、航空機の無線標識の近くや、軍の所有地にも建設できるようにする。鳥獣保護団体や市民が建設に反対した場合、法律の改正によってドイツがカーボンニュートラルを達成するまでの期間には、常に再生可能エネルギー発電設備の建設を優先させる。行政手続きを簡略化することによって、風力発電設備の建設許可申請の審査にかかる時間を、これまでの半分に減らす。

太陽光発電にも力を入れる。新築される公共施設や商業用の建物の屋上には、太陽光発電パネルの設置を義務付ける。一部の太陽光発電施設については、電力の買取価格を引き上げて投資を促す。

またトマトなどの農作物を植えた畑を覆うようにアーチを作り、その上に太陽光発電パネルを設置する「農地兼用太陽光発電所」や、かつて褐炭を採掘した跡地などにできた人工湖や池に、太陽光発電パネルを浮かべる「浮体式太陽光発電所」も推し進める。

これまでの政府の目標は、「２０３０年の太陽光発電設備の設備容量を１億kWに増やす」というものだったが、今回政府は、この目標を２億１５００万kWへ大幅に引き上げた。

2026〜2035年までは、太陽光発電設備の設備容量を毎年2200万kWずつ増やす。

また洋上風力発電については、2030年の設備容量目標を2000万kW、2040年の設備容量目標を4000万kWとしていたが、改正法案は2030年までに少なくとも3000万kW、2035年までに4000万kW、2045年までに7000万kWに引き上げた。

ハーベック大臣は、これらの法案について発表した記者会見で「ドイツが過去数十年間に打ち出した再生可能エネルギーの拡大目標の中で、最も野心的な計画だ」と語った。

この計画の背景には、ロシアのウクライナ侵略もある。これまで再生可能エネルギー拡大の目標はCO_2排出量を減らして気候変動に歯止めをかけることだった。しかし2022年2月24日以降は、ロシアから輸入している天然ガス、原油、石炭の量を減らしてエネルギーの自給率を高めるという安全保障上の理由も大きな位置を占めるようになった。

つまりウクライナ戦争が、ドイツやEU加盟国の非炭素化の動きに拍車をかけたのだ。

国境を越えた協力関係も深める。ドイツ政府は2022年5月18日に、「デンマーク、ベルギー、オランダ政府と共同で、2035年までに北海の洋上風力発電の設備容量を現在の4倍の6500万kW、2050年までに現在の10倍の1億5000万kWに引き上げ

(図表5-2)ドイツ政府、野心的な再生可能エネルギー拡大目標を発表

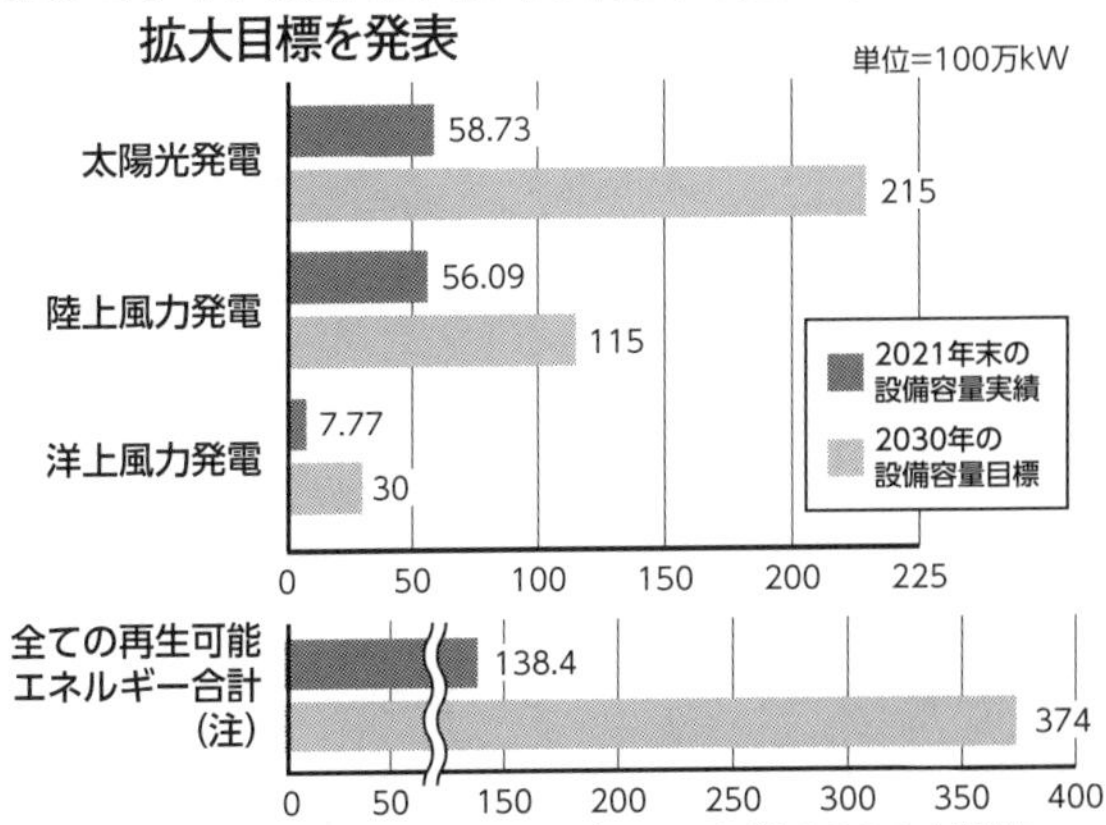

注)再生可能エネルギーには、他にも水力やバイオマスなどもあるので、太陽光と陸上風力発電、洋上風力発電を足しても、合計とは一致しない。

資料=ドイツ連邦経済・気候保護省

る」という方針を打ち出した。EUはCO_2削減と同時に、ロシアからのエネルギー輸入から脱却するために、2027年までに2100億ユーロ（29兆4000億円）の投資が必要になると推計している。

またドイツでは家庭の半分がガス暖房を使っているが、ショルツ政権は2024年以降暖房器具を新設する場合、使うエネルギーの65%が再生可能エネルギーである暖房器具以外は禁止する。つまり、事実上、ガスを使う暖房器具の新設は禁止される。政府はCO_2排出量がガスに比べて大幅に少ないヒートポンプの普及を目指している。

◆製鉄所の敷地でグリーン水素製造

もう一つ、ドイツ経済の非炭素化にとって重要なのが、化学業界、製鉄業界などが使っている化石燃料を水素に変えることだ。

水素は、産業界で使われている化石燃料を代替する切り札の一つと見られている。その最大の理由は、水素を燃やしてもCO_2が発生しないことだ。さらに水素は、水を電気分解することによって作ることができる。

将来的に海水を使って水素を作ることができれば、水素を作るための水は、ほぼ無尽蔵ということになる。さらに、水素を作るための電力も、風力や太陽光を使って発電すれば、水素の生成過程でCO_2は排出されないことになる。こうして再生可能エネルギー電力だけから作られた水素をグリーン水素と呼ぶ。

ドイツの製造業界では、化石燃料をグリーン水素によって代替する取り組みが急ピッチで進んでいる。大手メーカーが水素や再生可能エネルギー電力の不足を見越して、自社専用の再生可能エネルギー電力を確保しようとする動きも目立つ。

ドイツ北部ニーダーザクセン州。鉄鋼メーカー・ザルツギッター社は2020年5月以来、本社の敷地に7基の風力発電設備を建設しつつある。高さ227メートルの風力発電設備の設備容量は、合計3万kW。

その目的は、製鉄に使われる炭素を、グリーン水素で代替することだ。従来の製鉄方法では、石炭（コークス）を使って鉄鉱石から鉄を取り出していた。石炭を燃やす際に大量のCO_2が発生する。一方、SALCOSと命名されたこのプロジェクトによると、同社は風力発電装置からの電力により水を電気分解し、水素を製造する。そして、これまで鉄の製造に使われていた石炭を、水素で代替することでCO_2の排出を抑えるのだ。

ザルツギッター社は、敷地内に水電解設備（容量1250kW）を2基設置し、毎時450立方メートルのグリーン水素を製造する方針。

2020年5月に行われた風力発電所の起工式で、当時ザルツギッター社の最高経営責任者（CEO）だったハインツ・イェルグ・フーアマン氏は、「我が社はSALCOSによって、2050年までにCO_2の年間排出量を現在に比べて95％減らす。このプロジェクトは、製鉄業の非炭素化を実現する上で重要な一歩だ」と語った。

ノルトライン・ヴェストファーレン州エッセンに本社を持つ鉄鋼大手ティッセン・クルップ社も、カーボンニュートラル達成のために、製鉄法を大きく変更する。同社はグリーン水素を使用する「直接還元炉」を2024年までに稼働させる。

また同社は２０２０年6月にドイツの電力大手ＲＷＥとグリーン水素製造に関して提携することを発表した。ＲＷＥは容量10万kWの水電解設備をニーダーザクセン州のリンゲンに建設し、ティッセン・クルップが毎年必要とするグリーン水素の約70％を供給する。同社は、「このグリーン水素は高炉に使われ、カーボンフリーの鉄を毎年約５万台の乗用車のために生み出すことができる」と説明する。

ドイツ北部ニーダーザクセン州のリンゲンには、水素関連の企業や研究機関などが集まって、一種の「水素工業地帯」（水素クラスター）を形成しつつある。ＲＷＥ、ティッセン・クルップ社、ザルツギッター社をはじめ、電機メーカー・ジーメンスなど55の電力会社、メーカー、地方自治体が参加して、水素の製造、貯蔵、輸送のためのインフラを構築する「Ｇｅｔ Ｈ２」というプロジェクトを進めている。水素の実用化には、ヨーロッパの多くのエネルギー関連企業が強い関心を持っているので、ドイツ企業だけではなく英国の石油会社ＢＰも参加している。

参加企業は２０２０年末から、リンゲンで製造した水素を製造業界に対し供給し始めた。その際には、現在使用されている天然ガスの輸送管を改修して活用する。プロジェクトでは、合成燃料（ｅ－燃料）を製造したり、水素を備蓄したりする実験も行われる。

ｅ－燃料は、ドイツの自動車業界にとって重要な意味を持つ。２０２２年6月にＥＵ環境大臣会合は、２０３５年以降ガソリンエンジン・ディーゼルエンジンを使う内燃機関の新車の販売は禁止することで合意した。その際に大臣たちは、「ｅ－燃料を使う車を例外として認め、２０３５年以降も新車の販売を許可するべきかどうか」について、欧州委員会に検討するよう指示したからだ。

ｅ－燃料は、電力を使って水とCO_2から製造される。その際に再生可能エネルギーによる電力だけを使えば、CO_2排出量は、ガソリンやディーゼルの軽油に比べて大幅に少なくなる。しかしまだ開発途上で、エネルギー効率の低さが課題となっている。将来この新燃料の研究が進んでエネルギー効率が改善すれば、自動車業界はＥＶ以外に、ｅ－燃料で走るエンジン車も売ることが可能になるかもしれない。

◆グリーン水素に多額の投資

水素実用化は、ドイツだけではなく欧州規模のプロジェクトだ。ＥＵは、水素を経済の非炭素化のための切り札と見ており、２０３０年までに域内での水電解施設の容量を４０００万㎾に高める方針だ。ＥＵは、「２０５０年までにグリーン水素への投資額の累計は１８００億ユーロ～４７００億ユーロ（25兆２０００億～65兆８０００億円）に達する」と推計している。水素は欧州のエネルギー関連事業の目玉になる可能性がある。ドイツは中長期的に原子力・石炭に代わるエネルギー源として、水素ビジネスに新たな商機を見出そうとしている。

ドイツ北部シュレスヴィヒ・ホルシュタイン州の海岸から約49キロメートルの所に浮かぶヘルゴラント島。この海域で、77の企業、地方自治体、研究機関が参加した水素製造プロジェクト「アクア・ヴェントゥス（AquaVentus）」が進行している。

日本ではグリーン水素検討評議会と呼ばれるこのコンソーシアム（共同事業体）は、２０２０年12月にドイツで創設された。ＲＷＥの他、大手電力エーオン、ＥｎＢＷ、スウェーデンの国営電力会社バッテンフォール、ジーメンス、ドイツの工業ガス大手のリンデ、石油大手シェルのドイツ子会社などが参加している。日本のＪパワー（電源開発株式会社）と丸紅も加わっている。

参加企業は、この海域に洋上風力発電所と水の電気分解施設を建設する。２０３５年までに容量２００万kWの洋上風力発電・水電解施設を５ヶ所に建設する。参加企業は、毎年１００万トンのグリーン水素を製造することを目指している。

ＲＷＥはこのプロジェクトの一環として、２０２１年7月に、シェル、オランダのガス輸送企業Gasunie、ノルウェーのエネ企業Equinorとともに、容量30万kWの洋上風力発電・水素製造施設を北海に建設する計画を発表した。

洋上で作られた水素は、２０２８年からヘルゴラント島の中継拠点を経てパイプラインでドイツ本土へ送られ、メーカーに供給される。水素を海底パイプラインで輸送するのは、ヨーロッパで初めての試み。

その理由は。効率性だ。ＲＷＥによると、洋上風力発電所から送電線で本土に電力を送って陸上の水電解施設で水素を製造するよりも、洋上でグリーン水素を製造し、海中パイプラインで本土に送る方がコストが低くなるからだという。

◆ドイツ政府が、エネルギー転換向け予算を大幅増額

すでに言及したように、欧州ではCO_2削減のための現実的な取り組みとして、排出権取引が行われている。

ＥＵでは２００５年以来、製造業界、エネルギー業界、ＥＵ域内の航空業界に対し、CO_2を排出する場合、1トンごとにCO_2排出権を買うことを義務付けている。企業がCO_2

排出量を減らすようにするためだ。ただし当初は、1トンあたり5ユーロ前後でCO_2排出権を買えた上、EUが域内の企業に無償で排出権を供与していたこともあって、市場に排出権がだぶついていた。そのため初めのうちはEU排出権取引制度（EU－ETS）は、CO_2削減にほとんど役立たなかった。

だが、ドイツ政府などの要望を受けて、EUが2017年以降、市場での排出権の量を減らし始めたため、価格が高騰し、2021年末の時点では1トンあたり90ユーロ前後まで上昇した。

現在多くの電力会社が石炭や褐炭を使った発電を減らしつつある理由の一つは、CO_2排出権の高騰によって、CO_2を多く排出する企業はコストが上がり、利益が減ってしまうからだ。化石燃料による発電を減らせば、CO_2排出権の購入に金を使わなくて済むので、利益が増える。つまり排出権取引とは、環境保護を行えば、企業の業績にとってプラスとなるという仕組みなのだ。

ドイツの化学メーカーや鉄鋼メーカーはすでに多額の費用をCO_2排出権に支払っている。しかし彼らがグリーン水素や再生可能エネルギー電力によって化石燃料を代替するために かかる費用は、CO_2排出権価格を大きく上回る。このため製造業界はドイツ政府に対して、「製造工程のグリーン化にかかる費用と、CO_2排出権価格の差を補填してほしい」と要求している。この方式を「炭素差額契約＝Carbon Contract for Difference（CCfD）」と呼ぶ。製造業界は、このような政府の支援なしには、製造工程のグリーン化は難しいと見ている。

このためショルツ政権のクリスティアン・リントナー財務大臣は2022年3月7日に、再生可能エネルギー拡大や製造業の非炭素化のために2026年までに「気候・エネルギー転換基金」に投じる予算を、当初予定していた1100億ユーロ（15兆4000億円）から2000億ユーロ（28兆円）に増やすと発表した。

約2倍という破格の増額の背景には、ウクライナ戦争の影響で、再生可能エネルギー拡大と製造業の非炭素化が、ロシア依存を減らす意味でも一段と重要になったという事情がある。

◆ドイツ人が抱える矛盾「私の家の裏庭には建てないで」

このようにドイツでは、国と企業、市民が一体となって環境保護に取り組んでいる。しかし、ドイツ人も完璧な優等生ではない。市民、企業の高い環境意識とは裏腹に、具体的な対策については、矛盾した態度も見られる。総論として環境保護に賛成するのに、各論になると反対することがある。

たとえばドイツでは21世紀に入ってから、市民が「自宅の近くに風力発電設備が建設されると、景観が損なわれて不動産価格が下がる。家に太陽の光が差し込んでいる時にローターが回転すると、まるでクラブのミラーボールのように家の中がチカチカして不快だ」と主張して反対したり、鳥獣保護団体が「風力発電設備のために野鳥が生息地を失ったり、鳥や蝙蝠（こうもり）がローターに衝突して死んだりする」として建設の差し止めを求める訴訟を起こしている。

連邦政府、州政府、環境保護団体が構成している「風力発電機構」によると、2019年にはドイツに2万9456基の陸上風力発電設備があったが、全国で新たなプロペラの設置に反対する市民や鳥獣保護団体の訴訟が325件起きていた。

訴訟の数が年々増えるために、地方自治体が風力発電設備の建設許可申請の審査に、以前よりも時間をかけるようになった。このため、2017年以降は毎年新設される風力発電設備の数が激減。2018年の新設数はわずか743基で、前年の半分以下、2019年には325基しか建てられなかった。特に南部のバイエルン州やバーデン・ヴュルテンベルク州では、観光業界が「風力発電設備は、景観を損ない観光客が減る」として反対したこともあり、新設数が北部に比べて少なかった。州政府は口では「再生可能エネルギー賛成」と言いながら、景観保護を求める市民や経済界に忖度(そんたく)した。

特にバイエルン州政府は、一時「風力発電設備と、住宅地の間には、最低風力発電設備の高さの10倍の距離を取ること」という法令を出していたほどだ。これでは、風力発電設備を建てられる場所はほとんどなくなってしまう。このため、私が住んでいるミュンヘン市にはほとんど風力発電設備がない。中心部から空港へ向かう高速道路の横で寂しく2本の風力発電設備のローターが回っているだけだ。地平線を埋めるかのように風力発電設備が並んでいるドイツ北部とは大違いである。

もう一つ、エネルギー転換の大きなネックとなっているのが、高圧送電線の建設が住民の反対のために遅れていることだ。陸上風力発電・洋上風力発電設備が多いのは北部だが、ものづくり企業が集中し電力需要が多いのは南部だ。このためドイツ政府は2011年に脱原子力と再生可能エネルギー拡大加速を決めた時、北部と南部を結ぶ3本の高圧直流送電線「電力アウトバーン」の建設を開始。当時ドイツが全原子炉を廃止する予定だった2022年末までに、完成させる予定だった。

だが送電線が通過する地域では、住民から「自然環境や景観が破壊される」、「地価が下がる」、「高圧送電線からの電磁波が不安だ」などの理由で反対する声が高まった。このため政府と送電会社は、送電線の一部を地下に埋設したり、経路を変更したりすることを余儀なくされたため、建設許可の審査作業、建設工事は大幅に遅れた。

ドイツ政府の計画によると、建設が予定されている電力アウトバーンの全長は1万2229キロメートル。このうち2021年末の時点で完成していたのは、わずか約16%、1934キロメートルにすぎない。建設中の区間は約6%。約57%については建設許可申請の審査や公開ヒアリンクなどが行われており、約21%については、審査手続きすら始まっていない。このため、2022年末までに電力アウトバーンを完成させるという目標の達成は不可能である。いくら再生可能エネルギーによる電力が沢山作られても、大消費地に運ぶ手段がなければ、宝の持ち腐れだ。

欧米では、公共の利益に資する目標でも、自分の生活に影響が生じそうになると反対する態度を、「Not in my backyard（NIMBY）」と呼ぶ。「私の家の裏庭には建てないでくれ」という意味だ。

環境保護を重視するドイツ人の間でもNIMBYの傾向がしばしば見られ、再生可能エ

(図表5-3) 2017年以降、風力発電設備の新設数が激減

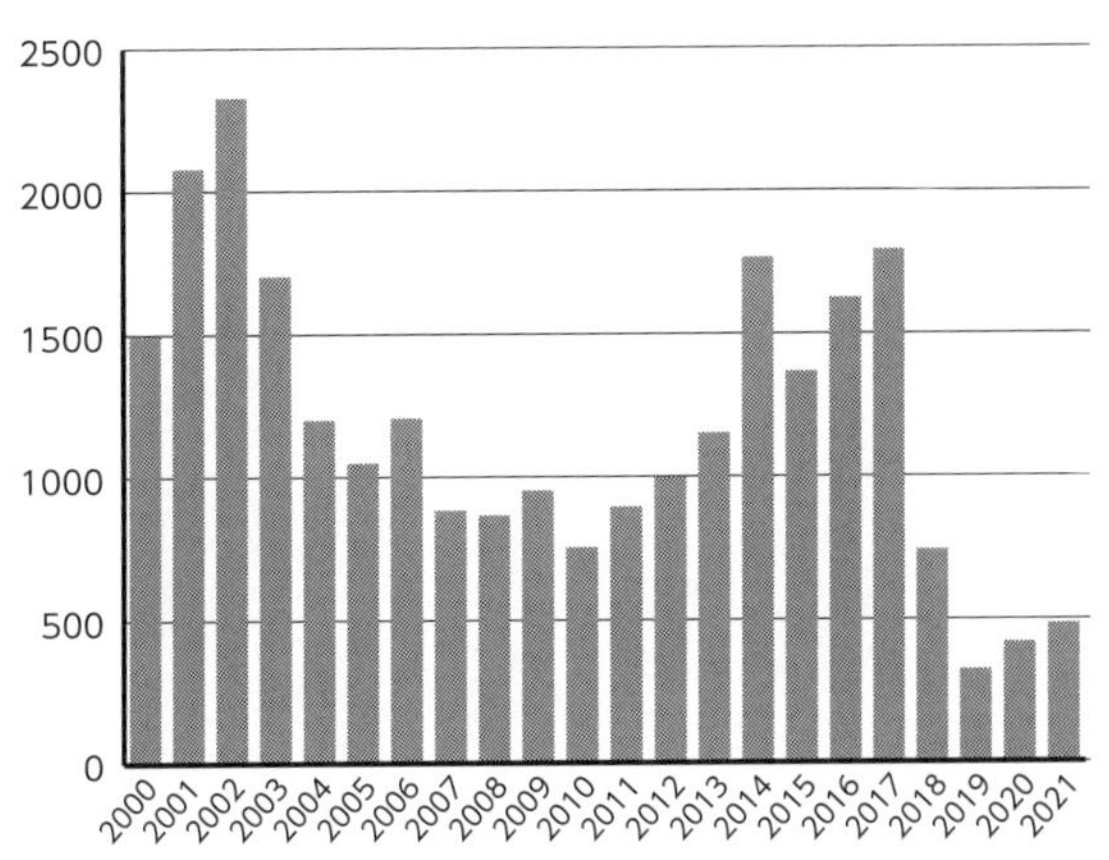

資料=ドイツ風力エネルギー連合会

ネルギーの拡大やグリーン電力を送る系統の新設を阻んでいる。再生可能エネルギーの拡大には賛成だが、風力発電設備や高圧送電線が自宅の近くに建設されるのはごめんだ」というのである。

ただし、ウクライナ戦争が起きて以降、この考え方に変化が生じるかもしれない。多くのドイツ人がロシアのウクライナ侵攻にショックを受け、同国からのエネルギーに依存することの危険性に気づいた。冬の寒さが厳しいドイツにとって、エネルギー資源の安定的確保はとりわけ重要な問題だ。このため、「ロシアからのエネルギーへの依存度を減らすには、風力発電設備を建設することが重要だ」と考えて、自宅近くの景観が損なわれる

のを我慢する人も増える可能性は十分にある。

いずれにしても、2035年までに電力需要のほぼ100%を再生可能エネルギーでカバーするという野心的な計画を実現するには、政府が市民の心をつかみ、地方自治体の監督官庁の許認可手続きにかかる時間を、大幅に短くする必要がある。国民の環境意識が高いドイツにあっても簡単なことではない。33年間にわたり現地で電力市場を定点観測してきた私の脳裏には、「再生可能エネルギーの設備容量を2022年から2030年の間で2倍以上に増やすなどということが、本当に実現できるのだろうか」という疑問が浮かんでしまう。いまこそ、緑の党が加わった政権の実力が試される。

第6章

人と環境を大事にしつつ、生活を「豊か」にするヒント

◆「環境保護は実利につながる」を実践するドイツ

２０２２年の7～8月に、私は久しぶりにミュンヘンから東京へ出張した。40度近い酷暑に驚いた。屋外を数分間歩くだけで、ワイシャツが汗でぐっしょりと濡れる。冷房が効いた電車から駅のプラットホームに降りると、まるでヘアドライヤーの熱風を顔に吹き付けられているような気がした。ドイツでは、日本のテレビニュースのアナウンサーが時々使う「危険な暑さ」という言葉の意味がよくわからなかったが、東京に来てその意味がわかった。日本の皆さんも、こうした異常な暑さ、ゲリラ豪雨、大型台風、深刻な水害に毎年のように見舞われて、地球温暖化、環境異変が起こっていることを実感しているのではないだろうか。

気候変動は、日本だけではなく地球規模で起きているグローバルな現象だ。地球温暖化の影響で南極や北極の氷山やアルプス山脈の氷河が溶け、海面の水位が上昇しつつある。このためバヌアツなど南太平洋の一部の島では、高潮の際などに浸水が起き、住民が深刻な影響を受け始めている。中東やアフリカでは旱魃のために、食料不足や飢餓が懸念されている。２０２２年の夏にはフランスやポルトガルで気温が40度に達する地域が続出し、ヨーロッパの３分の２の地域で旱魃警報が出された。ＥＵは、「過去５００年で最悪の旱魃に襲われている」と発表した。

私はドイツに住んだこの33年間だけでも、気候の変化を強く感じる。私は１９９０年に、ドイツ南部のバイエルン州にやって来た。当時は真冬に気温がマイナス15度まで下がるのは珍しくなかった。しかし21世紀に入ってからは、そのような寒さを経験することは滅多にない。

ミュンヘンで、クリスマスに雪が降ることも、ほとんどない。暖冬のために、ドイツ南部バイエルン州のスキー場では、しばしば雪が不足している。スキー場やホテルの経営者たちは、雪不足のためにウインタースポーツを楽しむ客が減って、困っている。２０１８年12月下旬にミュンヘンから列車に乗ったが、ドイツ南部やオーストリアでは全く雪景色が見えず、白銀の世界が広がったのは、標高が高いスイスに入ってからだった。30年前だったら、考えられないような雪の少なさだ。

多くのドイツ人が気候の変化を肌で感じている。したがって、これまで見てきたように、ドイツでは政府、企業、市民が様々な取り組みを始めている。

ＥＵによると、日本の２０２０年のCO_2排出量は約10億６２００万トンで、中国、米国、インド、ロシアに次いで世界で5番目に多い。私は、日本でも本格的な取り組みを急ぐべきだと考えている。その理由は、地球環境を守り、破局的な水害などを防ぐことの重要性だけではない。CO_2を減らすための取り組みが、将来にわたって企業の業績を改善し、結局は自分たちの生活の豊かさにつながるからだ。ドイツの例は、経済成長と環境保護が両立すること、環境保護が実利にもつながることをはっきりと示している。

◆日本人も両立が可能な3つの資質を持っている

ドイツは経済成長と環境保護の両立に成功しているが、私は、日本でも十分にそれが可能だと思っている。ドイツ人が備えている両立のために必要な3つの資質・条件を、日本人も持っているからだ。

その1は、自然を愛する心と環境意識の高さだ。日本人も、かつては鎮守(ちんじゅ)の森や里山など自然との共生を大切にしてきた。小林一茶の俳句、西行法師の和歌や京都の町家の壺庭、寺院の庭園にも、自然を愛(め)で、自然とともに生きることを重視する心が反映されている。これは、森を愛するドイツ人の心と共通する資質だ。

その2は、日本もドイツ同様に、第二次世界大戦後、深刻な環境破壊を経験したということだ。我々日本人も、水俣病、イタイイタイ病、四日市ぜんそく、阪神高速道路と国道43号線沿線地域の大気汚染など、様々な公害問題に苦しんできた。こうした経験は、日本人にとっても環境保護を重視するための起爆剤になるはずだ。

その３は、グリーン・テックつまり環境保護技術、省エネ技術、気候変動に適応するための技術だ。これらの分野では、日本はドイツに負けない技術力を持っており、特にアジア諸国に対してＣＯ$_2$削減などの技術を輸出することができる。有り体に言えば、日本の技術力があれば、グリーン・テックで稼げる可能性があるということだ。

それでは、我々日本人にはまだ不十分で、ドイツから学べることは、何だろうか。一つは、市民がＣＯ$_2$排出量の「見える化」のための努力を実践していることや、グリーン投資などによって生活からのＣＯ$_2$排出量を相殺することなど、身近で現実的な対応策である。

私は、多くのドイツ市民が「気候変動の問題については自分にも責任の一端がある」と考えて、ＵＢＡの計算ツールを使って自分の生活からのＣＯ$_2$排出量を計算しているのを見て、驚いた。これらの点では、ドイツ人たちは我々日本人よりも一歩先を進んでいると言わざるを得ない。

もう一つ、我々日本人に欠けている重要なポイントがある。

我々は、ドイツ人に比べると、日常的に豊かな自然に触れる機会と、それを可能にする自由時間が圧倒的に少ない。この「ゆとりのなさ」が、環境保護への努力においても大きな問題になっているのではないかというのが、ドイツに長年住んでいる私の結論である。

ドイツでは日本に比べて自由時間が多い。このため、地球温暖化の影響について本や雑誌、デジタルメディアなどから正しい知識を仕入れたり、自分の住む地域や国、世界の環境について思いを巡らせたり、気候保護・環境保護のために自分なりのアクションを起こしたりするための時間の余裕、心のゆとりがある。ドイツ人がＵＢＡの計算ツールで自分の生活のCO_2排出量を計算できるのも、時間の余裕があればこそである。

ではドイツ人たちは、どのようにして時間の余裕を作っているのだろうか。

◆先進国中、最も労働時間が短いドイツ

経済協力開発機構（ＯＥＣＤ）の統計によると、２０２０年のドイツ人の年間平均労働時間は１３２４時間で、ＯＥＣＤ加盟国中で最も短かった。日本の労働時間は１５５９時間で、ドイツよりも約18％長い。

日本では「働き方改革」が叫ばれてきたが、「自分の労働時間はそれほど大幅に減っていない。休暇取得日数も増えていない」と感じている人が多いのではないだろうか。契約社員などの短時間労働者を除き、正社員に焦点を合わせると、日本人の労働時間は相変わらず世界トップレベルという指摘もある。特に大手企業などでは、若手社員（組合員）の残業時間を減らし、有給休暇消化率を高めるために、中間管理職が仕事を抱え込んでしまい、逆に労働時間が長くなっているという声も聞く。

ドイツで労働時間が短い理由は、法律によって、オフィスや工場、商店などで働く時間が1日あたり10時間に制限されているからだ。病院の医長や消防士などを除けば、例外はまず認められない。さらに日曜日や祭日の労働は、原則として禁止されている。

事業所監督局がときおり労働時間の抜き打ち検査を行い、社員に恒常的、組織的に長時間労働をさせている企業には罰金を科す。ＩＴ企業、病院、建設会社などが、社員に長時間労働をさせていた疑いで摘発されたこともある。ドイツではＩＴエンジニアなど高技能を持つ人材が不足しているので、一度「労働時間が長いブラック企業」としてメディアに報道されると、優秀な社員が集まらなくなってしまう。

このため特に大手企業では、繁忙期でも1日の勤務時間が10時間を超えないように、上司が口を酸っぱくして部下に注意する。長時間労働をさせていることがわかると、組合から批判され、上司の社内での評価に傷がつくからだ。

またドイツ人は、効率を重んじる民族だ。「1日あたり10時間を超えて仕事をすると疲れて注意力が散漫になり、ミスが起きやすい。それよりは、10時間以内に仕事を切り上げて帰宅し、リフレッシュして次の日に仕事を続けた方が、効率が良い」と考える人が多い。

日本では遅くまでオフィスで働いていると、上司から「会社への忠誠の証」として前向きに評価されることがあるが、ドイツでは真逆で、残業が多い社員は「無能」と見なされる。2人の社員が同じ成果を挙げた場合、残業なしで成果を生んだ人の方が、残業をしてようやく成果を生んだ人よりも高く評価される。つまり短時間で業績を上げる社員が最も優秀な社員と見なされるのだ。ドイツ語には「よく頑張った」という誉め言葉はない。

ドイツで労働時間が短いもう一つの理由は、ドイツの企業には原則としてサービス残業はなく、代休として消化しない限り、残業代は確実に支払われるからだ。

しかも繁忙期などに社員に残業をさせるには、事業所委員会の同意が必要だ。事業所委員会とは、企業ごとの組合のこと。これ以外に、全金属労組（IGメタル）やサービス業の組合であるver.diのように、産業別の労働組合もある。つまり社員が残業をすると、企

(図表6-1)ドイツの労働時間はOECD加盟国の中で一番短い

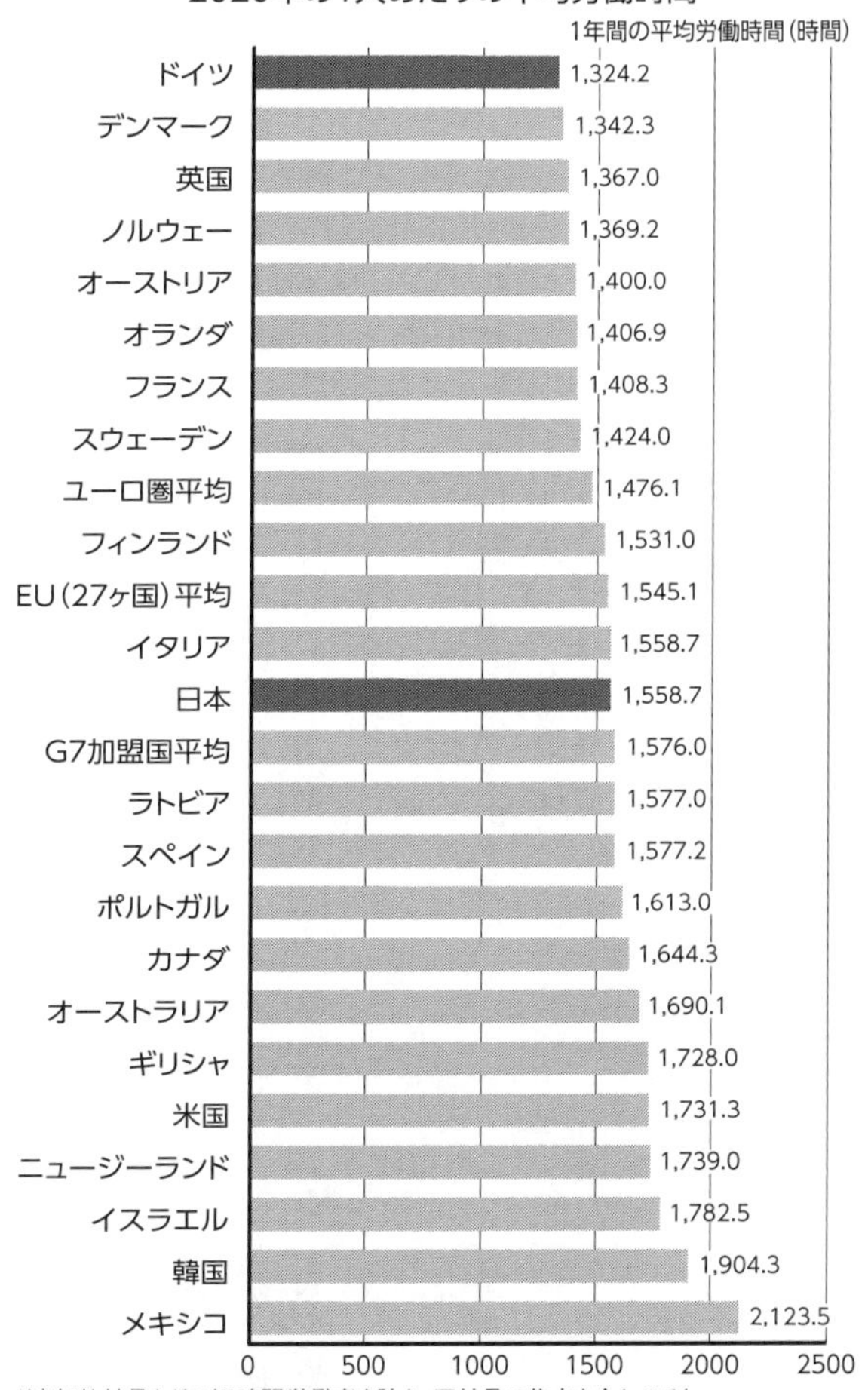

注)契約社員などの短時間労働者を除き、正社員に焦点を合わせると、日本人の労働時間は世界トップレベルという指摘もある。

資料＝OECD

業にとっては人件費の支出が増えるので、企業は残業をさせたがらない。

またドイツでは夫婦共働きが主流なので、夫から経済的に自立している女性が多い。家事や育児も、基本的に夫と妻が分担して行う。このため夫が会社の仕事ばかりしていて家族のために十分な時間を割かないと、離婚されてしまう危険性が高い。夫は、会社の仕事をしているだけでは不十分で、家族のための買い物や食事の支度、子どもの勉強の手伝い、子どもの学校や幼稚園への送り迎えなどもこなす必要がある。これも、ドイツ人が長時間労働を避ける理由の一つだ。

◆時間の余裕、心のゆとりが経済的付加価値をも生み出す時代

ドイツ人に生活のゆとりを与えるもう一つの要素は、長い有給休暇だ。企業は連邦休暇法によって、社員に最低24日間の有給休暇を与えることを義務付けられている。だが実際には、大半の企業が社員に30日間の有給休暇を与えている。残業時間を毎年10日まで代休として消化できる会社もある。会社は残業代を払わなくて済むように、社員になるべく代休を取るように勧める。

週末や祝日などを合わせると、ドイツ人は毎年約150日休んでいることになるが、そ

れでも会社や経済は回っており、ＧＤＰの総額で日本に次ぐ世界第4位の経済大国になっている。

これを国民１人あたりに換算すると、ドイツ人１人あたりのＧＤＰは5万８３８６ドルで、日本（4万３００２ドル）を大きく上回る（ＯＥＣＤより）。ドイツ人は我々日本人よりも長く休んでいるのにもかかわらず、１人あたりが生み出す価値は我々よりも大きい、つまり労働生産性が高いのだ。

しかもドイツの会社、特に大企業では、管理職以外の社員については、30日間の有給休暇を１００％消化することが当たり前になっている。旅行会社エクスペディアの調査によると、２０２１年のドイツ人の有給休暇取得率は93・３％で、日本人（60％）の１・６倍だった。

夏休みや冬休みだけではなく、休暇中に自分の業務を担当してくれる同僚がいれば、まとまった休暇はいつでも取れる。ドイツでは「仕事に人がついている」一方で、日本では「人に仕事がついている」。このため、日本ではなかなか代替が利かずに、長期の休みが取りにくいのだ。ドイツ人たちが、どのようにして誰でも代替できるような形で仕事をシステム化しているかについては、拙著『ドイツ人はなぜ、１年に１５０日休んでも仕事が回るのか』（青春出版社刊）をご参照ください。

ドイツの会社で有給休暇を残していると、上司が事業所委員会（組合）から批判されるので、上司は部下に対して有給休暇を完全に消化するように奨励するほどだ。つまりある意味で部下は上司に迷惑をかけないためにも、有給休暇を完全に消化する「義務」があるのだ。

私はＮＨＫで働いていた頃、休暇を取る際には上司や同僚に「申し訳ありません」と謝ったものだが、ドイツでは考えられない。休みを取ることは働く者にとって当然の権利であることを、みんなが理解しているからだ。

しかも休暇は2〜3週間まとめて取るのが普通である。自分の業務の同僚への引き継ぎさえきちんとしておけば、3〜4週間まとめて休むことも十分可能だ。しかも、管理職ではない社員の場合、休暇中に仕事のメールを読む義務はないし、バカンスで滞在するホテルの連絡先を職場に残す必要もない。つまり3〜4週間にわたり、音信不通になることが許される。

その理由は、「頭の切り替え」だ。ドイツの有給休暇の目的は、会社の仕事を忘れてリフレッシュすることにある。ドイツ人と休暇について話をすると、「最初の1週間では、

(図表6-2)ドイツの有給休暇取得率は日本の1.6倍

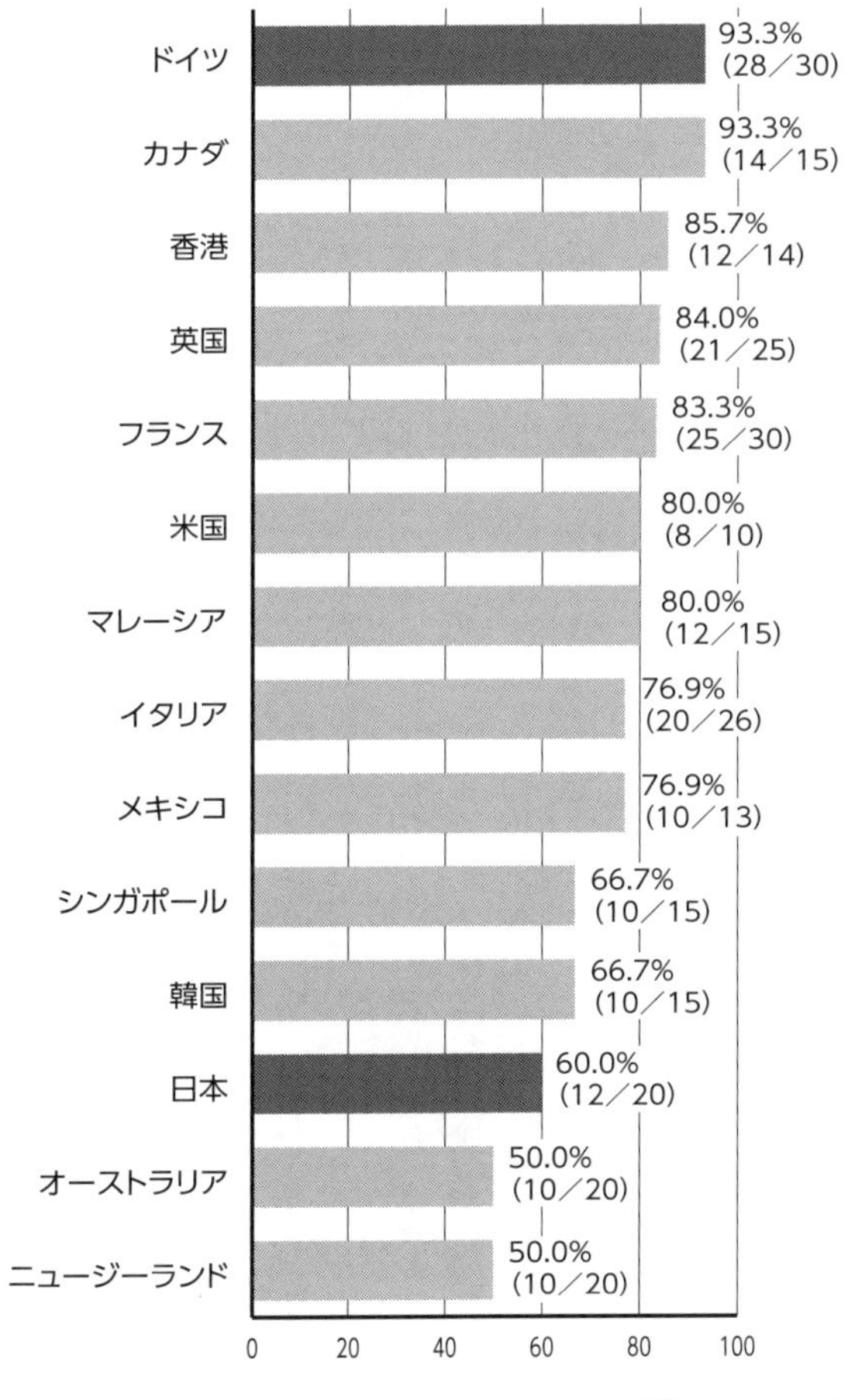

資料＝エクスペディア

旅行先でもまだ会社のことが気になる。したがって、会社のことを忘れて本当にリラックスするには、2週間以上まとめて休暇をとらないとだめだ」と言う人が多い。彼らにとって、1週間の休暇は短かすぎるのだ。

しかも全ての社員が交代で長い休みを取るので、「あいつばかり休みやがって……」という妬み、そねみの感情はない。「他の人に申し訳ないな……」と後ろめたい気持ちで長期休暇を取る人もいない。「社員のバカンス計画」つまり誰がいつ、何日間休むかを決めることは、職場の1年の業務計画の中で、重要な要素になっている。

ドイツでは法律や社会の慣習によって、誰もが長い休みを取る権利を保障されている。顧客、取引先も、担当者が長期休暇を取ることに理解を示す。担当者が休暇を取っている間に、自分の問い合わせに答えてくれる人がいれば、全く問題はない。顧客自身も2～3週間の休暇を取るので、担当者が長期休暇を取っても目くじらを立てることはない。

かつての日本では、それこそ24時間働くような企業戦士であることが、経済成長の原動力ともなった時代があった。しかし、低成長、少子高齢化の時代となって、日本の状況は大きく変わっている。長時間働くことで経済的な利益を生み出せる社会ではなくなった。経済成長と環境対策が両立しているドイツの例を見てもわかるように、働く者一人ひとりの心の余裕が、経済的な利益も含めて、社会に人生に様々な付加価値を生み出す時代になってきているのだ。

◆日本人がより「豊か」な生活を手に入れるために

私は１９８２年に日本の大学を卒業してから８年にわたりＮＨＫで記者として働き、会社の仕事のために、プライベートな時間を犠牲にするのが当たり前の暮らしを送った。

神戸南京町で友人と夕食を取っていたら、ポケットベルが鳴った。私は料理を食べかけでほうり出し、暴力団員の抗争事件の現場へ行かされた。ある土曜日の午後には、デスクから「モーリシャス沖で多数の日本人が乗った旅客機が墜落したので、これからすぐ行って取材しろ」と命じられ、黒塗りのハイヤーで成田空港へ疾走し、飛行機に飛び乗って現地へ向かった。当然プライベートな約束は、全てキャンセルした。私に同行したカメラマンは、車の自動車電話で妻に「これからモーリシャスへ行く。いつ帰れるかは、わからない」と話していた。

夜討ち朝駆けを繰り返す取材合戦では、タクシーで大量のCO_2を出しながら、深夜の神戸や東京を疾走した。東京の国際部、ワシントン支局で働いていた時には、旅客機をバス代わりに使って文字通り世界を股にかける生活だった。このようなライフスタイルがCO_2排出量を増やし、地球温暖化につながるという意識すらなかった。

だが私は、1990年にそうした暮らしに終止符を打った。30歳でワシントン特派員に抜擢されるというのはNHKではエリートとして将来を約束されたようなものだったが、私にはあまり魅力が感じられなかった。

NHKを退職して、以前から知っていた町、ドイツのミュンヘンで働き始めた。その結果、生活の糧を稼ぐ以外の「自由時間」を豊富に持つことができるようになった。

自由時間には、深い森や広大な公園を散策した。NHKで働いていた時には、時間と心のゆとりがなくて、そんなことはとてもできなかった。

ドイツの森の中で、春の到来を告げる小鳥たちの、美しい囀りに心を打たれた。さらに、本やドイツ語の新聞をじっくり読んで、ドイツ人にとって手つかずの自然を守ることがいかに重要かについて学んだ。

私がドイツに住んだ33年という歳月は、地球の歴史全体から見れば、ほんの一瞬だ。だがこの短い期間にも、冬の寒さが弱まって夏の暑さが厳しくなるなど、気候が年々変わっている。雨が比較的多いドイツですら、ときおり旱魃や森林火災などの被害が起き始めた。

私はこの変化を見て、地球温暖化の深刻さに否が応でも気づかされた。

同時に、ドイツ人たちの環境に対する考え方が、日本人とは大きく違っていることも感じた。彼らにとって、自然の中を歩くということが、食事をしたり、歯を磨いたりすることと同様に、生活に欠かせない行為であることを知った。私はこの国にやって来たからこそ、環境を重視する人々のライフスタイルを見ることができた。

「経済成長と環境保護は矛盾せず、両立させることが可能だ」と認識すること。私はそのための第一歩は、全ての働く人々が心のゆとりを持つことだと考えている。つまり政府と企業経営者は、1日の労働時間の制限や最低休暇日数取得の義務化など、働く者の心のゆとりを増す方向に、これまで以上に努力するべきだろう。そのことは、「環境保護は経済成長の足を引っ張るものではなく、むしろ我々の生活を豊かにし、実利の拡大につながるものだ」という発想の転換の引き金になると思っている。

おわりに

ドイツ人たちが年収アップと環境保護を両立させている理由の一つは、CO_2排出権取引など、環境保護が企業の収益を改善し、社員の収入アップにもつながる仕組みを実践していることだ。これによって、市民の間には「環境保護は経済成長の足かせになるものではなく、実利につながる」という意識が浸透していることが大きい。「環境保護と経済的メリットは矛盾しない」という考え方が、メインストリームになっている。

さらに一部の企業は、他社よりも環境保護に力を入れていることを強く訴えることで、売上高や収益の増加につなげている。これによって、消費者や投資家に対して企業イメージをより良くすることにもつながる。

だが最も重要なことは、市民一人ひとりが、「環境保護は自分のため、家族のため、将来の世代のためになる」という意識を持っていることだ。この意識が欠けたままでは、仮に政府がCO_2排出権取引のような仕組みを導入しても、社会全体が前進しない。

日本の大企業の間でも、持続可能性を重視する動きが進んでいる。外国の取引先がESG（環境・社会・ガバナンス）を重視しているので、彼らも対応を迫られているからだが、大企業の経営者や社員がESGに力を入れるだけでは、不十分だ。

我々が日々の暮らしの中で、環境保護を「面倒くさいもの」とか「足手まとい」と考えずに、地球環境を守ることは年収アップや生活の質の向上につながるという意識を持つことが、新しい社会を築くための第一歩になるのではないか。

我々日本人は古来、自然を征服したり屈服させたりするのではなく、美しい自然と共生する文化を育んできた。さらに現代の日本は、省エネなどグリーン・テクノロジーでは、世界でもトップクラスの地位にある。こうした特性を生かし、環境保護を起爆剤として、経済成長のスピードを加速させるような「アジア・グリーン革命」を、日本から起こすことができれば素晴らしいと思う。

2022年12月

ミュンヘンにて　熊谷　徹

参考ウエブサイト

ドイツ連邦環境局　CO_2計算ツール　https://uba.co2-rechner.de/de_DE/
ドイツ連邦環境・消費者保護省　https://www.bmuv.de/
気候変動に関する政府間パネル（IPCC）　https://www.ipcc.ch/
経産省・資源エネルギー庁
　https://www.meti.go.jp/shingikai/enecho/shigen_nenryo/pdf/033_s03_00.pdf
欧州連合統計局　https://ec.europa.eu/eurostat/de/home
ドイツ連邦統計局　https://www.destatis.de/DE/Home/_inhalt.html
緑の党　https://www.gruene.de/
バイエルン放送
　https://www.br.de/nachrichten/deutschland-welt/risikoanalyse-zu-fiktivem-virus-passt-nicht-zu-corona,Rt1wJnT
ARD（ドイツ公共放送連盟）　ターゲスシャウ　https://www.tagesschau.de/
フランクフルター・アルゲマイネ（FAZ）紙
　https://zeitung.faz.net/faz/seite-eins/
Der Spiegel、Die Zeit、Süddeutsche Zeitung、Welt、Handelsblatt など

DTP・図版作成／エヌケイクルー

青春新書 INTELLIGENCE

こころ涌き立つ「知」の冒険

いまを生きる

〝青春新書〟は昭和三一年に——若い日に常にあなたの心の友として、その糧となり実になる多様な知恵が、生きる指標として勇気と力になり、すぐに役立つ——をモットーに創刊された。

そして昭和三八年、新しい時代の気運の中で、新書〝プレイブックス〟にその役目のバトンを渡した。「人生を自由自在に活動（プレイ）する」のキャッチコピーのもと——すべてのうっ積を吹きとばし、自由闊達な活動力を培養し、勇気と自信を生み出す最も楽しいシリーズ——となった。

いまや、私たちはバブル経済崩壊後の混沌とした価値観のただ中にいる。その価値観は常に未曾有の変貌を見せ、社会は少子高齢化し、地球規模の環境問題等は解決の兆しを見せない。私たちはあらゆる不安と懐疑に対峙している。

本シリーズ〝青春新書インテリジェンス〟はまさに、この時代の欲求によってプレイブックスから分化・刊行された。それは即ち、「心の中に自らの青春の輝きを失わない旺盛な知力、活力への欲求」に他ならない。応えるべきキャッチコピーは「こころ涌き立つ〝知〟の冒険」である。

予測のつかない時代にあって、一人ひとりの足元を照らし出すシリーズでありたいと願う。青春出版社は本年創業五〇周年を迎えた。これはひとえに長年に亘る多くの読者の熱いご支持の賜物である。社員一同深く感謝し、より一層世の中に希望と勇気の明るい光を放つ書籍を出版すべく、鋭意志すものである。

平成一七年　　　　刊行者　小澤源太郎

著者紹介

熊谷　徹〈くまがい とおる〉

1959年東京生まれ。早稲田大学政経学部卒業後、NHKに入局。ワシントン支局勤務中に、ベルリンの壁崩壊、米ソ首脳会談などを取材。90年からはフリージャーナリストとしてドイツ・ミュンヘン市に在住。過去との対決、統一後のドイツの変化、欧州の政治・経済統合、安全保障問題、エネルギー・環境問題を中心に取材、執筆を続けている。

著書に『ドイツ人はなぜ、1年に150日休んでも仕事が回るのか』『ドイツ人はなぜ、年290万円でも生活が「豊か」なのか』（ともに小社刊）、『ドイツ人はなぜ、毎日出社しなくても世界一成果を出せるのか』（SB新書）、『パンデミックが露わにした「国のかたち」』（NHK出版新書）など多数。『ドイツは過去とどう向き合ってきたか』（高文研）で2007年度平和・協同ジャーナリズム奨励賞受賞。

ドイツ人はなぜ、年収アップと環境対策を両立できるのか

青春新書 INTELLIGENCE

2023年1月15日　第1刷

著　者　熊谷　徹

発行者　小澤源太郎

責任編集　株式会社プライム涌光

電話　編集部　03(3203)2850

発行所　東京都新宿区若松町12番1号 〒162-0056　株式会社青春出版社

電話　営業部　03(3207)1916　振替番号　00190-7-98602

印刷・中央精版印刷　製本・ナショナル製本

ISBN978-4-413-04662-6